GETTING IT DONE

How to Lead
When You're Not in Charge

GETTING IT DONE

How to Lead
When You're Not in Charge

不是主管，
如何帶人成事？

橫向領導

羅傑・費雪
Roger Fisher ——— 著

艾倫・夏普
Alan Sharp ——— 撰文

劉清山 ——— 譯

引言

任何人都是潛在的領導者

如果你曾經以缺乏組織的方式與他人合作並且遇到了問題，而感到非常沮喪，那麼本書就是為你而寫的。你很可能經歷過下面的情形：

老王：我一直在考慮這項工作，我非常清楚應該如何去做。

小明：等一下，我想先知道為什麼我們要做這項工作。

老王：很明顯，老闆對目前的狀況很不滿。

老陳：這個理由很足夠。不過在開始前，我想先擬定一份時程表。

小華：好的，截止日期是哪一天？

小美：在討論這個問題之前，我想問問這項工作有人負責嗎？

小華：你的意思是你想當負責人。

小美：不是的，我只是問是否有人負責，如果沒有的話，是不是應該先找一個負責人。

老王：我不知道你們的情況怎麼樣，不過我不可能把所有的時間花在這項工作，我還有許多別的事情要做。

小明：我現在還不知道我們要做的是什麼。

按照上面這種趨勢發展下去，你可能會取得一定的進展，也可能是虛擲光陰。幾乎每個人在下班時都會抱怨，浪費了許多時間，卻沒有取得什麼成果。你很可能經歷過不計其數的這種局面，但這並不能說明你的表現不好。事實上，我們每個人都經歷過這樣的狀況。

考慮前面的例子，這個團隊需要什麼呢？答案是「領導」。「他們當中沒有負責人，所以不能怪他們沒辦法完成。」根據我們的經驗，有權威的領導者可以做許多事情，但默契無間的合作絕不是命令出來的。

本書的寫作目的就是幫助你與他人合作完成艱鉅的工作任務。它所著眼的並不是有權威的領導者能做什麼，而是你能做什麼；不是所有可能實現的目標，而是良好合作的目標——你與他人同舟共濟時取得良好結果的目標。要想讓你的同事朝著正確的方向前進，你必須先清楚應該朝哪個方向前進。

講一個比較經典的故事。鐵路公司有一輛嶄新的柴油火車出了問題，不管工程師怎麼做，都無法讓引擎啟動。他們請來一位專家，專家研究了情況，然後用錘子輕輕敲了火車頭一下，列車就啟動了。專家開出一〇〇〇美元的帳單，鐵路公司要求他解釋帳單，而專家的回覆是：

↓用錘子敲打火車：一〇美元

↓知道敲打部位：九九〇美元

幫助團隊實現良好的合作與此類似，你最後所採取的行動只是整個解決過程的一小部分。

不管你是什麼職位，我們都建議你把自己想像成一個潛在領導者。在實踐中，你會發現，通過使用我們所說的「橫向領導」能力，你完全可以讓局面朝著更好的方向發展。

本書的目標就是讓你有能力與你的同事展現有效率的合作，取得高品質的結果。你無須擁有高於同事的權力，只需要使用橫向領導方法就可以如魚得水。橫向領導方法包含三個基本步驟：第一步是培養和鍛鍊獨自工作的個人能力；第二步清晰理解你的戰略目標是與他人有組織地合作；第三步是學習一些「參與式」的領導方法。通過這些方法，作為團隊的一般成員，也能使用提問、作答、行動的方式促使他人更好地一起工作。

這三個步驟就像試圖改善樂團演奏效果的爵士樂手需要做的一樣。首先，這個樂手需要培養自己的獨奏技能。接著，他需要理解優秀的爵士樂合奏應當具有的特點——和聲、對位以及哪種伴奏對主旋律的襯托效果更好。搞定這一切，他才能採取行動，帶領樂團成員改善樂團的演奏效果。

我們相信，任何公司、組織、委員會或其他團體中的人讀了本書後，都可以改善團隊共同工作的方式，取得理想的成果。

目錄

第一章

真正的領導者，不需要職位

THE BIG PICTURE

01 合作很難？你還沒找到方法！

不管你是公司主管、團隊成員、服務人員、諮詢人員，還是政府官員，都無法完全依靠個人力量實現所有的目標。你無時無刻不在依靠下屬、同事、上司、供應商、客戶的幫助，就連才華洋溢的詩人也需要與編輯和出版社打交道。除非你是個隱士，否則光靠一個人的力量是做不成什麼事的。因此，你必須與他人合作。

可是，與人合作是非常困難的。生產線上的機器人可以精準地相互配合，完成工作，人類卻做不到這一點。每個人都有自己的思想，而且與機器人不同，難免受情緒左右，有時快樂，有時憤怒，有時自信爆棚，有時憂心忡忡，有時與人為善，有時卻又心生嫉妒。此外，我們每個人還會對情況公正與否作出迥異的判斷。因此，當許多人一起工作時，往往會問題連連。

兩個常見的問題

合作不佳

大部分人在與他人合作時都會感到非常沮喪，因為往往付出極大的精力卻收效甚微。合作是不同方法與思想的結合。每個人在工作時都需要用到經驗、直覺與習慣，但這些因素卻因人而異，這當然是種巨大的資源，可以提供多元的思想和方法，不過這種差異也是種負擔，往往會降低我們合作的效率。

當人們一起工作時，時間往往在摩擦中白白消耗：分到與自身能力不相稱的任務，或是由於某種差異而衝突不斷。每個人都參加過長達數小時但結果欠佳的會議。有時我們構建團隊所花的時間甚至遠遠超出完成實質工作所用的時間。與他人共同完成工作給人帶來的挫敗感實在是太大了，大多數人寧可多花一些工夫獨立完成任務，也不願意與他人組成團隊，合作完成某項工作。

沒有人能讓局面有所好轉

當你停下來，審視自己正在進行的工作時，可能會非常失望。你會發現你自己對團隊也沒有任何幫助。在大部分情況下，即使你想幫忙，也不知道如何著手。如果你緘默不語，情況根本不會有所改善；即使你告訴大家應該配合起來，情況照樣原地踏步；你清醒指出整個團隊已經浪費了大量時間，情況還是依然故我。當你強烈地表達出自己的挫敗感時，你自己也成了問題的一部分。

你非常聰明，知道人們合作時常常會浪費大量的時間、精力和感情。與你一起工作的人也對此心知肚明。如果你不能讓合作變得更加有效，你的團隊成員同樣也做不到這一點。這是怎麼回事呢？本書將解釋這種現象產生的原因及其應對策略。

肇因 我們對工作的理解還不夠

人們無法使團隊合作得到改善的原因至少有三個。一個人要想改善團隊的表現，首先必須解決這三個問題。

個人技能有限

我們大部分人並不是效率方面的專家，即使在獨立工作時也是如此，這一點我們的同事也都清楚。如果我們在獨立工作這種最簡單的情況中尚且缺乏工作能力，那麼我們怎麼可能在與他人合作這種更加複雜的情況下作出貢獻呢？

我們都知道，有時我們的工作效率不是很高。也許你是那種固執、尋找目標地點時寧可開車來回轉上好幾圈也不會停下來問路的人；也許你的信用卡經常透支；你在工作上很可能也做不到駕輕就熟；你是不是經常進行某個計畫時焦頭爛額，卻無從下手？

最重要的是，人們經常會重覆犯類似的錯誤。艾倫家有個朋友在當地酒吧工作。有一次，他在模仿一位有名的流行歌手時，把手臂舉到空中，結果擊穿了石膏做的低矮天花板。幾天後，還是在這家酒吧，一名顧客問他怎麼受的傷，結果他在解釋時又模仿流行歌手的動作，再次用拳頭擊穿了天花板！他第一次犯錯誤後就應該長點記性，不應該再犯同樣的錯誤。但我們還不是一樣！

我們的表現常常說明，我們缺乏良好的工作習慣，沒有處理日常工作時一以貫之的簡單流程。我們的同事也是如此，大部分人即使在獨立工作時也沒有可以遵循的固定體系，所以無怪乎我們無法讓辦公室裡的所有成員有效地配合，互相合作。

我們對良好的合作缺乏清晰的認識

請思考下面的問題。假設我們的團隊合作很有效率，此時我們應該具有怎樣的表現呢？假設你或其他員工想要帶領團隊實現良好的合作，那麼你們的目標是什麼呢？

怎麼樣？不知道了吧？這是你與他人的合作無法得到改善的第二個原因。你自己都不知道你想達到什麼樣的效果。有人認為合作的關鍵在於對同事「友好」——要彬彬有禮，與人為善，順從他人的想法。保持友好的態度當然是對的，不過辦公室裡有些非常「友好」的同事工作卻非常沒有效率。（當然，有些煩人的同事效率也很差。）

怎樣的工作方式才算是「正確」的呢？你當然可以想到那些「負面教材」，如沒完沒了卻毫無結果的會議。不過，知道不應該做什麼與知道應該做什麼完全是兩回事。要想有所改變，應該如何訂定會議議程？我們應該討論什麼內容？誰來分配任務？如何分配？分配給誰？如果對良好的合作方式沒有清晰的認識，我們就很難走出低效的迴圈。

釐清對良好合作的認識之後，你並不想讓自己凌駕於其他同事之上。作為團隊的一分子，你只是想努力讓整個集體的合作變得更加順暢。

我們不知道如何影響他人的行為

即使你對自己的工作應付自如，並且對你所希望看到的合作形式也有著清晰的認識，但仍有可能還有其他問題存在——無法讓別人改善他們的行為。

我們見過一些領導者，他們擁有足夠的權威，但做事很少能夠成功。壞習慣是長期養成的，僅憑領導者的一句話無濟於事。領導者下達的命令不會讓任何人獲得新的本領。大部分主管都知道，即使明令禁止人們「爭奪勢力範圍」，大家還是會不斷爭奪權限，這麼做是有理由的，如果一個員工單方面停止對自身勢力範圍的保護，他的勢力範圍就會越來越小。

如果連擁有足夠權威的領導者都很難改善下屬的合作效果，你身為下屬中的一員，又能怎麼改變同事的行為呢？

缺乏專業知識，無法有效率地獨立工作；對如何讓團隊開始互相合作的練習沒有清晰的想法；沒有讓大家實現這種合作的策略，這些理由讓你什麼都不做。

畢竟，不做事比做事要容易得多。

解決方案　培養個人技能，明確目標，影響他人

將四分五裂的團隊整合起來也常常無法完成目標。將擁有不同習慣的人協調起來實在太難了，我們常常覺得一個人是無法實現這個目標的。不過在實踐中，有的團隊的確比其他團隊配合得好。這不可能僅僅是運氣問題，一定有什麼竅門。

我們可以更進一步發現，有些人的確有過人之處。我們都知道有些人不是上位者，沒有發號施令的權力，但他們卻能讓一團混亂的局面重新恢復秩序。如果團隊中有了這麼一個人，就不會有很多紛爭，人們會更加齊心協力，更有幹勁，更加協調，業績也能提升。也許，這個人是半退休的老主管，有時這個角色又由秘書充當。他們是怎樣憑藉個人的力量做到這

一點的？如果你想成為這樣的人，你應該怎麼做？

本書可以指導你成為這樣的人。閱讀本書，你可以掌握有效的方法和策略，用於培養個人技能、對良好的合作獲得清晰的認識並說服同事實現這種合作。

提高個人技能
為團隊作出更大的貢獻

對於每個人來說，自己的行為是最容易改變的。要想讓其他人發揮出更大的力量，你自己必須先發揮出更大的能量。如果你的工作方法井井有條，就可以更好地幫助他人工作。首先，你要改善個人技能。

還是以爵士樂團為例。想像你是樂團中的成員，想讓樂團表現得更完美。為此，你自己先要成為一名技巧嫻熟的樂手。除了練習，還可以學習演奏各種音樂和使用各種樂器的相關組織概念，如節奏、音階、旋律、和弦等。學習如何「帶領」其他樂手不僅僅意味著學習指揮技巧——用指揮棒敲打樂譜架然後在空中揮舞雙臂這類動作。不管你是爵士樂團的領導者還是普通成員，你都需要培養良好的演奏技能，並對自己或他人有幫助的一些基本概念有所了解。如果你想成為樂團的橫向領導者，必須先成為一名優秀的追隨者。

一個醫生可能會將自己的知識分門別類，以診斷處理各種疾病，分為消化系統、血液系統、神經系統、骨骼系統等這些類別。分類可以有效地幫助他增強對知識的理解，將知識傳授給他人，把工作做好。

身為教師，我們發現為了改善人們的談判方式，牢記一些基本要素是非常有用的，如利益、選擇權、標準、溝通、關係、承諾以及可供選擇的方案，這些要素在任何文化背景下的談判中都能發揮作用。同樣地，在幫助人們學習如何合作的課堂上，學員們發現將重要課程按照少量基本要素進行歸類是非常有用的。對於見習者來說，最重要的理論既不是對所有相關問題的複雜分析，也不是詳細的工作守則，而是少數能夠爛熟於心的實用工作要素。

在本書裡，我們提出了五個基本要素。不管是獨立工作還是與他人合作，這些要素都非常重要。每個要素都將用一節的篇幅來介紹。

目標——第三節

如果你不清楚自己想要做什麼，就很難把事情做好。有些目標讓人備受鼓舞，幹勁十足，可以評估已取得的進展，有助於訂定決策。有的目標則達不到這樣的效果。有機會參與目標訂定的人會更加努力地實現所訂定的目標。

思考——第四節

我們所有人都很容易陷入漫無目的的遐想中。幾個簡單的技巧可以讓你進行更加專注的思考，幫助你產生新的思想並付諸實踐。當人們一起工作時，這些思考技巧可以將眾人的智慧轉化成寶貴的財富。

學習——第五節

空想並不能解決問題。你需要實踐，以檢驗你的思想。你的團隊可以培養一些良好的學習習慣，有助於改善你們的工作表現。

專注——第六節

人們可以充滿熱情地工作，也可以漫不經心地工作。你為自己訂定的目標會影響你的專注程度，一個團隊也是如此。面對比較低的要求，你可以重新分配任務，或者改變任務分配方式，以激發人們的鬥志。

反饋——第七節

學習的一種方法是在現實世界中進行實驗並觀察其結果，以檢驗你的想法。另一種方法是分享同事的觀察結果，接受同事的建議。通過提出建議和接受他人的建議，你可以實現自我提升。你也可以將這些技巧告訴同事。你的團隊應該本著相互扶持的宗旨，尋求和提供反饋，而非相互競爭、彼此拆台。

不管你的任務是自己演奏音樂，還是組織一個團隊共同演奏更加動聽的音樂，你都應該首先培養處理這五個要素的個人技能。你應該擁有明確的目標，有條理地思考。

對大家共同使用這五種技能的良好合作願景有著清晰的認識

接著再回來爵士樂團的例子。除了想知道如何獨自演奏音樂，你還想更加了解優秀爵士樂合奏的聲音效果是怎麼樣。你可以使用節奏、音階、旋律、和弦等這些基礎要素組合成有用的架構，去思考如何改善個人技能以及爵士樂隊的合奏形式。不管你是以樂手身份私下帶領團員，還是作為正式的指揮帶領樂團，你都想更清楚什麼是成功的合作形式，你希望理解自己努力想要實現的目標。在你著手改善自己和同事的合作方式之前，你應該要知道這種合作看上去或聽上去是什麼樣子。

第三節到第七節不僅解釋了各個基本要素以及相應的技能，以幫助你獨立完成工作，而且介紹了綜合使用這五種技能的目標。當你理解了獨自工作的一些基本組織要素，你就可以將這些組織要素運用到團隊合作的情況中。

學習一些促使他人達成良好表現的基本技巧

你所學會的獨自高效率工作的技能在與他人合作時也可以派上用場，這些技能可以提高你的合作能力。一個清晰的目標——一系列可以實現的具體目標——可以讓你按部就班地工作。通過清晰而有條理的思考，你可以分析目前的合作狀態，決定需要做出的改變，成功或失敗都能讓你受益匪淺。你可以選擇合作中最能鼓舞激勵你的領域開始著手改善；你可以就你嘗試想要影響同事的方式和同事可能努力想要影響你的方式，向同事尋求反饋。

除了這五個基本的工作要素，你還需要影響他人的簡單策略。如果你是爵士樂團中的一般團員，自己也要演奏音樂，那麼你無法向其他樂手發號施令，但是你可以進行橫向領導：你可以演奏一個簡單的樂句，然後用點頭、微笑或簡短的語言提示邀請他人接著演奏；你可以起個頭，引導大家來一段你覺得他們會樂意為之的即興合奏。我們每個人都可以激勵他人盡最大的努力，讓團隊的幹勁更上一層樓。有三種簡單的方法可以讓人們採取更好的工作方式：

↓**提問**——提出一個，讓人們思考合作中的問題並尋求解決方案。

↓**作答**——說出你的想法，邀請人們接受、運用或修改這些想法。

↓**行動**——將你的想法付諸行動，作為進一步改善的基礎。

關於本書

第三節到第七節分別著重於一個要素和與之相應的技能，每節分三部分。首先，你要學會一種技能，這種技能可以幫助你在獨自工作時把事情做好。其次，你要確立目標，你要知道團隊所有成員共同使用這種技能時應該達到怎樣的效果。接著，你要使用這些技能以及上述「提問、作答、行動」三個基本技巧，改善團隊的合作方式。不管你的目標是結果導向（如建造小屋）還是過程導向（如改善你和同事的合作方式，以提高效率，把小屋建造得更好），你培養的個人技能都可以幫助你確立並實現目標。

上面我們簡單介紹了五個要素以及相應的技能。下一節我們介紹與橫向領導方法有關的其他內容，以及其後將要使用的方法和策略。

02 橫向領導：怎樣巧妙地影響他人

第一節簡要介紹了我們完成工作的方法。首先是確定成功獲得最終結果所需掌握的技能；其次是清晰理解在使用這些技能的過程中團隊內部將如何互動；其後將依次探討各種技能，詳細討論如何獲得這些技能以及如何與其他人共同使用這些技能。不過，僅僅知道你想讓別人做什麼是不夠的，你必須知道怎樣才能讓他們按照你的想法去工作。只有當你的同事有意願採用這些技能和習慣時，整個團隊的面目才會煥然一新。本節將介紹在激勵他人改變其行為的過程中可能遇到的問題。

問題 你無法讓他人作出改變

大家都參加過這樣的會議，恍神半天，與會者卻遲遲無法就問題達成一致，完全是在浪費時間。可能你每天早晨來到辦公室時都會感到非常沮喪，因為同事們的意見分歧，無法合作。對此你能做什麼呢？

如果一個人所在的群體內部出現問題，那麼他有兩種標準的反應：一是扮鴕鳥視而不見，二是負起責任，直接向人們下達命令。可惜這兩種方法都無濟於事。如果你迴避問題，情況當然不會好轉，不過至少局面不會變得更糟。可是，問題的根源並沒有消除。

你可能想要糾正別人的做法，但是也不管用。你可能見過有的人想要努力改善大家一起工作的方式，但收效甚微，而且他還因此受到別人的排擠，吃力不討好。如果有人好心提出建議，有時反而會受到冷落：「不要浪費我們的時間，我們要工作。」更甚者還會被反唇相譏：「你以為你是誰？老闆嗎？」在這種情況下，你很想聳聳肩膀說：「既然這樣，那我能做什麼呢？」

你也可以認真地問：「我到底能做什麼？」畢竟，希望還是存在的，我們都見過有些團隊配合得非常好。你可能參加過一些團隊，比其他團隊完成了更多任務。你還可能想到一些善於引導團隊合作的人，他們能讓團隊的工作更卓有成效。只需考慮一下你想和辦公室裡的哪個人共事，你就會明白這一點。

你可以研究一下這些人的哪些行為達到上述效果，如果你發現了他們的秘密，就可以運用到自己的工作中。筆者對此進行了研究，下面會介紹一些研究結果。你可以檢查一下我們說的是否有道理，如果合理，你可以採納這些結論。當然，你也可能悟出更好的做法。

要想回答「我能做什麼」這個問題，必須先理解為什麼改變人們合作方式的努力常常會功敗垂成。如果不採取行動，局面不會好轉，這一點很容易理解。不過，向同事提出建設性想法的效果為什麼這麼不理想呢？

肇因　你發出的命令無法鼓勵他人改變其行為

你改善合作的意願受挫，有可能是同事的問題：也許他們經驗不足，無法理解團隊合作方式的重要性；也許有同事想要爭奪話語權，無法忍受其他人發號施令；也許有的人性格乖戾，無法與他人相處。

這些解釋當然可以闡釋部分事實。不過我之所以這麼說，在於這些分析並沒有在你自己身上找原因。我們遇到問題時總是喜歡責怪別人，取得成績時則喜歡把榮譽據為己有，這是人類的通病。正常情況下，你傾向於認為別人的行為難以改變是他們的問題，不是你的問題。既然人類天生存在著偏見，你就應該抱著懷疑的態度看待以自我為中心的解釋。

還有一個理由說明你應該在自己身上找原因，把所有錯誤歸結給同事對解決問題於事無補。如果你的同事都不夠優秀，那麼你能做的只有離開目前的環境，辭去工作另謀高就。如果至少有一部分問題出在你身上，情況就大相徑庭了。此時你只需糾正自身的問題，就能使局面大幅改觀。你對目前不利局面的責任越大，你扭轉局面的力量就越大。尋找你對問題負有的責任時，不要感到愧疚。你應該關注自己的行動，而不是責怪別人，因為這樣可以讓你變得更強大。

所以，如果你的同事沒有像你期望的那樣做出反應，你應該首先考慮自己的做法是否有問題。

告訴別人應該做什麼暗示了他們的地位比你低

所有人對自己都非常關心。不管你說什麼，人們都會考慮到這些話的話外之音，他們會思考你如何看待他這個人以及你們之間的關係。如果他們不喜歡這些話中的隱含意義，他們可能不會接受你的說法。

你的同事會將你的要求理解成指責。即使是提問也會被理解成對他人的間接評價。比如有個人經過一個星期的忙碌工作後，星期六早上起了個大早。吃早飯時，他在想應該做點什麼家務事，想從事一些簡單的活動，以便從辦公室裡繁重的工作中解脫出來，讓大腦休息一下。「地下室還亂嗎？」他問妻子。「多謝關心，」妻子回嘴道，「整整一個星期你都不幫忙，現在還嫌地下室亂，好意思說我！」

星期一，這位先生上班了，他是組裝廠的生產線經理。上午，他打電話給採購辦公室，詢問一批設備的情況。他急需這些設備，以維持生產線運轉。

生產線經理：這些電動馬達什麼時候送過來？你之前說上週三就能送到了。

採購人員：那是在你把訂單修改成大的電動馬達之前。你只要一改訂單，送貨時間就會往後延。這是常識。

生產線經理：好吧，我沒想到這一點。我們能不能……沒關係。下次跟我說一聲，我們就不會弄錯了。如果有人改訂單，你要告訴他們什麼時候能送貨。

採購人員：我們是根據標準程序做事。以前從來沒有人出過問題。如果你搞錯了，不是我的問題。

是不是聽著有點像？在這兩段對話裡，對方都把改善的建議聽成了指責，談話很快變成了毫無意義的推諉。這是怎麼回事呢？

當你指導別人如何工作時，人們有可能認為你的言外之意是：「你就是問題的原因，讓我來解決這個狀況。」他們認為如果一件事需要改進，那麼它一定是有問題的；如果一件事發生問題，一定會是某個人的責任。因此，「也許我們可以做得更好」會被理解成「情況一團糟，都是你的問題」。當你指導別人改善合作方式時，很容易引起別人產生這種情緒。即使你說話時心懷善意，別人也會認為你在批評他。

當人們認為受到攻擊時，他們會反擊：有的人會否認發生問題，因為這樣就不會受到指責。他們會說：「哦，別鬧了，情況哪有那麼糟。別這麼緊張。」有的人會攻擊你的建議，以免有人批評他們沒有早點這麼做。他們會說：「這麼做行不通。」還有的人可能會攻擊提出建議的人，他們會說：「我怎麼工作需要你教嗎？」

面對這種反應，有人會想：「真是個蠢貨！我只是想幫忙而已。」然後將此事束之高閣。其實你應該這樣想：「他們的反應很正常。既然我知道他們為什麼會有這種反應，我也許可以更有技巧地幫助他們。」

你的同事認為你給他們分配的任務沒有之前重要。當你請求別人採取一種新的工作方法時，人們很少討論但常常關心的一個問題就是：「我在這個新計畫中扮演什麼角色？」他們還可能問：「我在這種改變過程中有著什麼作用？」如果一個同事感覺自己受人擺布，他可能對改善合作方式的努力反應冷淡。他認為決策是其他人做的，與自己無關。也可能擔心你想控制團隊，這樣他就只能扮演次要角色了。

你們部門的業務正在開會，假設你提議不要簡單列舉你們上個星期達成的業績量，而是就如何贏得你們這個星期將要拜訪的客戶交換意見。如果其他人接受這個提議，他們會如何描述這件事呢？「露西提出了一個好主意，我們認可了她的提議，她是團隊的領導者，我只是一個追隨者。」要是他們反對你的提議，他們的說法就不一樣了：「她的想法很愚蠢，我們可不願意聽她的瞎指揮。」倘若只能從這兩種說法中選擇一個，那麼所有人都有理由反對你的提議。如果一個建議看上去無法讓人們獲得「共同發起人」的地位，只能成為追隨者，那麼他們不太可能支持這種建議。

更糟糕的是，則可能不再與你合作。面對分歧，許多人會採取迴避態度。倘若他們無法參與決策，則有可能會完全退出，讓其他人完成這項工作。如果你想充分利用團隊中所有人的想法和力量，你就不應該將某些人拒之門外。

單純告訴人們做什麼並不能說服他們

一方面，你所說的話可能會被理解成你在指責某人或降低他們所扮演角色的重要性。另一方面，有些話如果你不說，人們可能無法理解你的想法，無法參與到思考過程，從而無法判斷你的想法是否有效。

人們不理解為什麼要改變。作者的一個朋友是管理顧問，為公司設計改革計畫。他的客戶大部分是資訊科技公司。他說，對管理者而言，最大的錯誤是不向員工解釋為何公司要變革。員工只知道改變工作方式的成本和困難，不了解這種變革是一種進步，當然會產生抵觸情緒。即使服從命令，他們也不會很熱心。當你想要說服同事採取一種新方法時，道理並無二致。

那麼，你為什麼不把所提建議背後的想法說出來呢？也許你自己還沒有把想法完全釐清。你的腦中出現了一個念頭，覺得是個好主意，不過常常無法說清這個主意好在哪裡，你自己都還沒想明白呢；你可能不願意說出自己的想法，因為你擔心有人會發現其中的問題；你可能不善言辭，無法談論自己的想法，畢竟合作方式是一個複雜的話題；你可能心中有數，知道哪些方法可行，哪些方法行不通，但卻無法說清楚其中的原因。你很想說：「來吧，照我說的做就行了。請相信我。」

他們沒有參與思考過程。即使你清晰地解釋了你的思考過程，這個計畫也還是你的，不是他們的。你雖然把工作的思路告訴了他們，但是他們並沒有這種想法的「所有權」。如果一個人沒有機會參與決策，無法對結果施加影響，那麼他在執行這一決策時可能不會很熱心。

他們沒有看到你把想法付諸行動。如果一個工作建議停留在思想和語言層面上，那麼這個建議還只是理論性的，常常無法說服別人。我們常常聽人說「坐而言不如起而行」，但是我們常常把這句諺語當成耳旁風。如果不將你的語言付諸行動，你的說法就不會有很大的力量。既然你自己都不去實踐自己的想法，別人也就有了不按照你的說法去做的藉口。

解決方案 採取橫向領導方式，以避免直接告訴他人如何工作所產生的負面影響

如果你向別人指派工作任務時常常無法得到配合，你應該做什麼呢？從本質上說，橫向領導是請求同事與你共同解決問題的方法，單靠你一個人的力量很難扭轉局勢。不要妄想用一種方法解決所有問題，你應該努力改善團隊共同工作的流程。首先，你要讓你的團隊養成習慣，每個人都要

努力改善合作方式。如果你能做到這一點，整個群體就會產生源源不斷的內在動力，大家會一起把工作做好。簡單地說，你並不需要研究如何解決問題，關鍵在於改善解決問題的過程。

要想影響同事的行為，你不能擺出高人一等的架勢，必須以平等的身分把你的訊息、分析、思想和建議提出來。你們是在對未來的合作方式進行非正式「協商」。既然是協商，你提出的建議就必須接受大家的檢查。告訴別人應該做什麼，與邀請別人參與決策之間可是天壤之別。你所說的話既不能是命令、指揮、要求，也不能是對是非對錯的明確判斷。此外，你提出的問題和建議應該非常具體，便於進行清晰且易於操作的實踐，以引起大家的興趣。

如果人們認為這種改變能讓他們有所收穫，那麼他們更願意幫助你改變你們的合作方式。當然，如果你們的做法能夠有所改善，最終所有人都會受益。除此之外，假如你的同事參與到改善工作方式的決策中，那麼他們從一開始就能有所收穫。你提出的問題和建議可以引起他們對這件事的興趣，就像湯姆・索亞（湯姆歷險記中的主角）讓朋友們粉刷圍牆那樣。但不管湯姆是欺瞞朋友還是滿足了朋友做事的興趣，你都不應該對同事要花招，改善合作方式顯然比刷牆更有意義。為了避免直接向同事分派任務常常引起的負面反應，你應該採取一些特別的做法，如提出問題、提供建議，或者用實際行動作出示範。

對事不對人

你應該心平氣和地談論你們的合作問題。你要讓同事們相信，研究癥結所在不會對他們造成威脅，你無意責怪任何人。

你應該責怪大家一起使用的方法，而不是你的同事。如果你的同事不用擔心受到批評，那麼他們更容易加入到改善工作方式的過程中。這一點顯而易見。畢竟，你的目標不是怪責某人，而是改善目前的局面。例如，你們可以坐在一起，面對問題、研究產生問題的原因，而不是研究造成問題的人。你們在談話之前應該說明，你們並不想為難某個同事，只是想解決問題。

合作是幾個人共同參與的結果。沒有人能對合作中出現的問題負全部責任，也沒有人能完全脫得了關係。你們應該研究使用的方法是否足夠有效率，而不是研究誰對誰錯。如果鋸子更好用，就不應該用錘子。應該研究工具的問題，而不是人的問題。

回想之前提到的沒有按時拿到電動馬達的生產線經理。他或者可以這樣跟採購人員說：「你應該改進工作方法，要不然我們就去找主管，談談你這種不思進取的態度。」也許生產線經理是有道理的，但他這麼說只會讓採購人員產生危機感，迫使他在別人身上找理由。他會找理由解釋他當時只能這麼做。如果生產線經理責怪的是他們的合作方式，效果就大不一樣：「看來這麼做的效果似乎不好。我當時沒有詢問送貨日期是否會變，也不記得你那時是否跟我強調過這點，不過我們當時都覺得沒有問題。也許我們可以換一種方法合作，你有什麼好主意嗎？」

承認他人的行為是出於好意。有時同事的工作方法看上去缺乏效率，但他們這麼做可能是有原因的。很少有人想要阻止你完成更多的任務。更多時候事出有因：有的人可能還有其他重要而緊急的工作要做，因而做事倉促；有的人可能標準很高，想要繼續尋找更好的方法，因而認為你的想法不夠好。他們其實可以採取更積極的方法追求這些目標——前提是這些目標都是合理的。你要試著猜測他人行為背後的良好動機。當你討論一個問題時，首先要承認他們的好意：「我知道你很忙，可能你對降低成本非常關心。我一直在思考一個問題，想聽聽你的意見……」

如果人們知道你想傾聽他們的意見，那麼他們更容易傾聽你的意見，而且也讓他們知道，你重視他們的想法，你所提出的建議會考慮到他們的意見。

承擔部分責任。團隊的成功合作是所有個體共同努力的結果。出現問題時，每個人都有責任。你可能沒有意識到目前的不利局面與你有什麼關係，不過你的同事幾乎一定會看到這種關係。

承擔問題的部分責任是一種明智的做法：「我想我們可以讓團隊更好地合作。我相信目前我們面臨的困境我也有責任，甚至責任不比你們少。我們研究一下怎樣共度難關吧。」在談論你所犯下的錯誤時，把問題說得具體一些，這樣更容易讓人相信你的誠意。你不應該說：「好吧，我也有問題。」你應該說：「恐怕剛才我們各說各話了，這的確是我的錯。老王正在解釋她的想法，結果我打斷了她的話，開始談論我的意見。這樣做是不對的。也許我們可以先把大家的想法列出來，然後依次討論每種想法。現在先從老王開始吧。」

對目前的局面承擔部分責任是正確的做法，而且這樣不會讓其他人產生強烈的危機感。人們會認為承認自己的行為有待改進是安全的，因為你並不想把哪個人趕出團隊。

斟酌人們如何看待他們的角色

當你提出問題和建議，你也為其他人設定了角色。從這個角度看，改善團隊的工作方式有點像製作電影。當你的同事考慮是否接受一個角色，大家關心的問題可能是「我的角色好嗎？」你所分配的角色既要滿足同事的要求，又要幫助團隊提高效率。

你所分配的角色要有吸引力。如果無法得到所有人或幾乎所有人的支持，你就無法改變團隊的工作方式。要做到這一點，你要設計出每個人都想扮演的角色。這個角色應該是活躍的，很少有人喜歡坐在看台上欣賞其他人表演。你所設計的角色應該具有吸引力，至少要能讓人有一些有趣的事情可做；其次，這個角色應該能夠贏得人們的尊重，角色扮演者自己要尊重這個角色，其他人也要尊重這個角色。比如你說：「我們要討論明天的野餐計畫，你來做飯好不好？」面對這種邀請，沒有人會拒絕。如果一個角色能讓人展示出自己的能力，那麼這個角色將具有更大的吸引力。大部分人並不在意在人群中脫穎而出，很少有人喜歡低人一等。

你所分配的角色要能讓人更有力量。如果你所建議的角色能讓你的同事獲得更大的力量，那麼就能吸引到更多的人。大部分人都希望擁有決定權，假如人們能在某種程度上控制所做的事情以及團隊的前進方向，那麼他們會更願意加入這個團隊。

如果你的同事能夠提高自身技能，那麼所有人都會受益。更重要的是他們能養成改變的習慣。即使團隊中只有你一個人通過橫向領導來改善你們的工作方式，你的努力也會得到回報。假如其他人也在主動貢獻思想和精力來改善你們的合作方式，那就更完美了。當你的同事與你具有同樣的橫向領導能力、甚至超過你時，你的橫向領導就獲得了最大的成功。

邀請同事一起訂定改變計畫

要有效改變我們的工作方法，團隊中的每個人都需要理解並努力實現這種改變。若要做到這一點，最好的方法就是讓每個人參與到改變計畫的訂定中。這樣一來，每個人都知道為何選擇這種改變計畫，每個人都會對新的工作方法具有足夠的自主意識，希望這種方法獲得成功。

保持開放的心態

你希望同事接受你的思想。要鼓勵別人接受新思想，最好的方法就是接受別人的新思想。說服同事相信你願意接受他們的正確意見比說服他們接受你的意見容易得多。你的目標不是讓別人對你的想法言聽計從，而是發揮集體的智慧，每一種想法都有進一步的空間。例如，作者認為本書提出的改善人們合作方式的指導方法非常出色。不過，我們也相信這些方法還可以再更進一步改善。假使我們再殫精竭慮一年，這本書很可能會變得更好。並且有了讀者提出的問題和建議，本書一定會改善得更為出色。不過，我們永遠也不可能讓這些方法完美地適用於所有讀者，每一位讀者都可以根據這些思想摸索出屬於自己的方法。

如果你提出了本書列舉的一個建議，你的同事的想法可能會讓這個建議更好。不要死抱住你提出的第一個建議（或者後來的某個建議）不放。你應該聽聽同事們的見解，選出最好的方案。

如果有人想要改善團隊的合作方式，你應該支持他。不要試圖蓋過他的風頭或者轉移到其他問題，你將來會獲得機會的。由職業斡旋家和職業協調人組成的會議是最糟糕的，因為人們會爭相證明自己最清楚如何改善團隊的合作方式。要做一名優秀的領導者，你必須知道何時應該做一名合格的追隨者。

實踐 選擇一個策略，引導人們按照你的思路思考

本節介紹的基本方法可以轉化成易於操作的簡單策略，用於鼓勵人們貢獻出自己的力量。如果直接向別人分派任務不管用時，你還有三種不易招致他人反感的方法：提出問題、提供想法、做出表率。不要小看這些技巧，它們具有實實在在的效果。要成功使用這些方法，你首先要做到的就

是發自肺腑。當你對一個問題很好奇，很想知道答案時，你提出的問題是真誠的。當然，「你為什麼這麼白痴」這類攻擊性十足的問題並不是真誠的問題。你提出的想法必須停留在想法階段，不能是結論、決定、通知，因為這些想法還要接受人們的討論和檢查。你所做出的行動應該是有效果的，不能僅僅是做秀，應該能夠供別人借鑒使用。根據真誠原則，你可以使用下面一些方法。

提出問題，徵求他人的意見

要讓別人和你一起改變工作習慣，最簡便的方法就是提出問題。這種方法聚焦於問題上，不指定哪個同事回答而不會引起同事反對。如果處理妥當，沒有人會感到自己受到了批評。大多數人都喜歡當眾對團隊努力方向貢獻出自己的力量。除非受到質問，很少有人在被問及有什麼建議時會拒絕回應。

解釋提問的目的。如果人們不知道你提出問題的原因，即使是真正的開放式問題也可能讓人惱火。前面提到的那位丈夫詢問地下室還亂不亂，本意是考慮上午是否要收拾地下室。妻子誤解了他的意圖，以為丈夫是在用提問的方式批評她沒有打掃地下室。

如果同事不理解你提問的原因，他們可能會往最糟糕的地方想。你應該讓他們聚焦於問題本身，而不是揣測你的意圖。多花點時間解釋你的想法可以讓對方放心。「親愛的，我在想今天應該做點什麼家務事。你覺得需要我做什麼？地下室需要收拾嗎？」類似地，如果你換一種說法，你可能會得到採購更大的支持：「老王，我需要你的幫助。我知道我們更改了這些電動馬達的規格，但是我們的確急需這批貨。沒有這些電動馬達，生產線就會慢下來，我的老闆就會過問此事。我還有什麼辦法能讓你盡快把貨送過來嗎？」

提出真正的問題。我們很容易養成通過提問強迫別人接受自己想法的習慣：「我們的確需要明天早上八點見面，你覺得呢？」「目前的情況無法令人接受，對吧？」這些說法雖然用的是疑問句，但其實是希望別人接受你的提議。

不要提出指向某個答案的引導式問題。相反，你應該提出指向某一範圍的開放式問題。「你覺得造成問題的原因可能是什麼？」就是一個開放式問題。只能用「是」或「不是」回答的封閉式問題會限制人們的參與程度。「你覺得老李的抵制是造成問題的原因嗎？」並不是開放式問題，你應該讓你的同事充分而平等地參與到思考中。

當你提出一個問題，同事們通常能判斷出你心中是否已經有了答案。此時他們不會認真地思考，而是猜測你的觀點是什麼。他們同意還是反對你的觀點主要取決於他們對你的態度，而不是對問題的公正考慮。人們也可能討厭引導式問題，彷彿你是老師、他們是學生一樣。

提出你的想法

如果你的確有自己的觀點，你應該怎麼做呢？如果你已經有了完美的答案，就不需要提問了。不管你有什麼訊息、思想、建議、意見，你都可以拿出來分享。

通常來說，把你的想法告訴別人與提出你的想法並沒有區別，但為了方便討論，這裡會將二者區分開。當你把想法告訴別人時，你認為他們應該採納你的想法；而當你提出想法時，他們只需要加以考慮。「告知」就像發布命令一樣：「這是我們需要做的事。」；「提出想法」則是解釋性的：「如果我們想不出更好的辦法，就可以這麼做。」你可以像宴請賓客一樣，把你的想法放到檯面上供同事選擇。不要把你的思想強加給同事，你的目的不是宣傳一種想法，而是尋找最好的想法，它並不一定是你提出來的。如果同事提出的異議有道理，應該給予鼓勵。讓大家來決定是否以你的想法作為出發點。如果工作進展得不順利，大家還可以隨時拋棄你的想法。

你提出的想法可以鼓勵其他人加入到思考中來。這種方式不會把人拒之門外，而是會把人們吸引到一處。人們將樂於對各種想法作出判斷，並產生新的想法。

貢獻出自己的一份力量。改善合作方式有點像共同解一個填字謎一樣，當你或者另外一個人獨自填字，其他人緊張地等著或者盯著你看時，你們的效率自然很低。如果你把字謎在眾人之間傳遞，你就可以運用集體的智慧獲得更好的結果，人們也會對你少一些埋怨。

也許你有一個好主意，但這個想法並不是神聖而不可侵犯的。你的想法並不是林布蘭的油畫，沒有達到「添一筆則多」的境界。你最好先描上幾筆，然後把畫筆交給其他人。鼓勵其他人修改目前的想法，使之變得更好。你應該邀請他們進一步發展你的思想。「我們撰寫這份建議的方式似乎不對。我修改你的版本以後，你看了我的手稿，又把我刪掉的內容加了回去。我想這是因為我不理解你的文字背後的思考，也許你也不理解我的想法。這麼說沒錯吧？你覺得我們應該怎麼做呢？」你可以鼓勵別人想出實踐某個想法的具體計畫。「我想我們需要在退改回來之前弄清對方做出改動的原因。具體怎麼做呢？我們可以添加註腳，解釋改動的原因，或者把這份建議讀一讀、討論一下。你有什麼辦法嗎？」

使用第四節介紹的「四象限」方法，我們可以很容易在每個象限中提供一些資料、分析或新的想法，然後以此為基礎請大家進一步思考。你可以分享你對局面的看法，然後邀請其他人分享他們的觀點，或者提出他們對問題的分析。

鼓勵別人懷疑你的想法。有的人可能不願意反駁你的分析，擔心引起爭論；有的人不知道如何就觀點本身進行辯論，他們可能會與你本人進行對抗。對於這兩種情況，明智的做法是讓人們更傾向於懷疑你的想法而不是你本人。公開你的思考過程有助於別人檢驗你的結論。你的思考過程表達得越清晰，人們越容易發現其中的錯誤並予以糾正。這樣一來，就不容易因「團體迷思」而產生愚蠢的計畫，團隊成員之間也不容易產生摩擦。

與人們的預期不一致的示範行為

你的行動能以兩種方式影響他人的行為。行動有時是解釋思想的最佳方式。僅僅在口頭上談論我們共同工作的方式可能讓人感到很抽象，難以理解。為了把問題說清楚，你可能花了很長時間，但人們還是感到迷惑不解，而且雙方都沮喪不已。我們大多數人並不習慣於談論問題，一張圖片的效果可能勝過千言萬語。

此外，有的人並沒有命令他人的權威，但他們也能領導大家完成某項工作。不管你做什麼，只要你做出示範，就能向人們發出強烈的信號，表明我們正在共同努力。

要讓示範行動發出信號，行動就必須被人看見。一家成功的有線電視公司的總裁某天晚上下班時發現電梯前的地毯磨破了，很容易把人絆倒。

他很失望，因為沒有人主動修補地毯。他希望公司裡的人看到問題就去解決，而不是把問題推給別人。第二天，他從家裡帶來一些膠帶，晚上把磨破的地毯黏好了。幾個月後，膠帶又鬆了。再過了一個星期，仍然沒有人處理。總裁覺得很奇怪，他不知道為什麼還是需要由他親自解決。隨後，他意識到如果人們看不到他的行為，就不會有人效仿他。於是第二天早上八點四十五分，有員工發現總裁跪在地上修補地毯。在員工們的踴躍堅持下，總裁把修補地毯的工作交給了他們。

如果示範行動與人們的預期不一致，這種行動會更顯眼。公司高層如果收拾遺留在會議室裡的咖啡杯，就會達到很強烈的表率作用；這位高層的秘書如果建議部門主管聚在一起溝通目前的某個專案，也會違反人們對其主動性和職責的預期。倘若這兩個人的行為顛倒過來，則不會有人會注意到。你為了影響他人行為而做出的示範在被同事看到時是最有效的。

使用「四個象限」來組織和解釋你的思路

當你提出想法或詢問別人，擁有一個考慮問題的簡單結構是很有幫助的。如果你能作出簡單的解釋，你的結論將更有說服力。掌握一些標準的問題可以讓你學會如何邀請別人考慮你的想法並作出改善。下面的結構框架經過了實踐檢驗，非常易於使用。第四節還會進一步介紹這個框架。

一、資料	二、分析	三、方向	四、下一步
問題是什麼？	可能的原因是什麼？	應採用哪些策略？	之後應採取哪些具體步驟？

這四個步驟提供了一個思考問題的基本結構。當你想要做一件事時，不管是一件具體的工作（如捕魚）還是改善你們的合作方式（如你們一起捕魚的方式），你都可以按照這四步進行思考。這種方法有利於把一堆複雜問題分門別類。接著，你可以請一位同事分擔力所能及的部分任務。你可以一步一步地前進，不至於在錯綜複雜的問題中失去方向。你可以用這個「四象限」工具評估一個團隊解決合作問題的進度。你可以把四個步驟製作成圖表擺放在團隊面前，或者通過提問的方式指導團隊前進。

假設你在一家大公司上班，你和其他幾個在不同部門工作的人接到了一個規劃明年度培訓計畫的任務。目前的培訓計畫飽受批評，你希望你們能訂定一份比較好的計畫。可是在前幾次會議中，你發現你們的合作並不像想像的那樣順利。

有兩個問題：第一個問題是工作的內容——訂定明年的培訓計畫；第二個問題是如何進行團隊工作——工作與相互交流的方式。現在來看第二個問題。如果你們想有效訂定出明年的培訓計畫，你們需要擁有良好的合作方式。

也許你們過於著重於實質性工作，沒有注意到問題的部分原因在於你們的工作方法。此時不要先提出建議，你應該邀請大家討論一下目前的情況，引起人們對問題的注意。這是「四象限」的第一步，即「資料」。

「訂定一個新計畫不應該這麼難。我知道我們都很忙，不過，我們已經在這裡待了四十五分鐘，卻沒有取得多少進展。這到底是怎麼回事？」

可能大家都知道團隊的工作方式不正常，而且非常清楚哪些方面出現問題。在這種情況下，你可以想辦法讓大家聚焦在造成目前困境的原因，即「四象限」的第二步「分析」。你可以檢查這些原因，看一看哪個原因與事實最吻合。你可以鼓勵大家共同思考：「也許團隊遇到問題的原因是我們還沒弄清我們努力實現的結果。」結果你們發現，有的人認為你們的任務是訂定一份未來的可行方案；有的人認為你們應該訂定新的課程；有的人認為你們應該收集所有人的意見並向大家匯報。

一旦所有人就目前的困境達成一致，你就可以通過提問的方式引導大家思考解決問題的不同方法，即你們可能採取的「方向」。「我們也許應該弄清我們的目標，大家認為這個團隊的成果應該是什麼樣的？」

通常，你們還需要把好的想法轉化成行動。此時，你可以站出來，引導大家注意力集中在接下來的具體工作；如果有人去做這項工作，你們的合作會變得更好。「我們如何訂定清晰的目標？在外人眼裡，從今天開始的一個月後我們應該取得什麼結果？」

上面介紹了為何使用「告知」方式有可能達不到目的，以及如何使用橫向領導方法實現直接向他人分派任務時無法達到的效果。這種方法的關鍵在於讓同事自我感覺良好。當你詢問一位同事的意見時，他不會認為自己受到了批評，反而可能會感覺自己受到了恭維。他可能會抵制別人提出的解決方案，但面對開放式問題時會親自思考，想出自己的方案。此時他不是處於從屬地位或次要地位，而是團隊的共同領導者，能夠對結果產生重大影響。

下面五節分別詳細介紹做事的五個要素，研究如何提高與這些要素相關的個人技能，描述聯合使用這些技能和方法的目標，以及用提出問題、「提供建議」、「做出示範」這些橫向領導方法實現上述目標的具體做法。

第二章

掌握五要素，團隊就是你的了

Basic elements of getting things done

前面介紹了說服他人改變其行為的技巧。那麼，我們希望他們具有什麼樣的表現呢？如果你不知道你的同事應該採用的工作習慣與工作步驟，那麼上面這些方法也於事無補。

幸好，我們並不缺少建議。各種書籍與雜誌中充斥著無數與此相關的詳細清單，有些建議很好，有些則不怎麼樣。不過，沒有人能把這些建議全部讀完。最有用的建議應該簡單易記，同時足以解決我們共同工作時可能出現的大部分問題。

醫生在研究人體結構時，不會把數千種骨骼、腺體、血管放在一起研究。他們會把人體解剖結構分成幾大系統，以簡化研究，如骨骼系統、血液系統、神經系統、消化系統等。類似地，本書的第二部分把團隊合作問題分解成了幾個基本要素，對於個體在工作中對各個要素的處理提出了簡單的建議，並描繪了這些要素處理得當時團隊的合作圖景。

最後，我們還會介紹一些橫向領導技巧，這些技巧可以讓其他人採納更好的工作習慣。

03 目標整理術：凝聚團隊向心力

如果你不知道你想努力獲得什麼目標，那麼你很難成功。「目標」是我們要介紹的第一個要素。你可以根據「目標」檢查團隊的工作方式。在分析他人的行為之前，應該先審視一下你自己。你是否擁有一個督促自己有效工作的目標？如果你現在並無明確目標，你知道要如何獲得目標嗎？

一位年輕的律師剛剛加入紐約一家著名的律師事務所。每天晚上下班趕火車時，他都會看一眼大廳裡張貼的公司願景，上面寫著：

「我們的願景是，在法律實踐中做到出類拔萃，積極服務客戶，讓我們的代理人和員工在專業和個人兩方面皆感到滿意。」

這個願景卡在他的腦中，在搭火車的回家路上想了一整路。「在法律實踐中做到出類拔萃，」他想，「我連何為出類拔萃都不知道。我既不知道怎樣才算做到出類拔萃，也不知道為什麼我要努力做到出類拔萃，更不知道為了做到出類拔萃，我明天應該做什麼。」

Step 1 培養一項個人技能：訂定良好的個人目標

在改善團隊訂定目標的方式之前，你需要先培養出訂定個人目標的技能。這意味著要掌握一些有助於訂定目標的標準做法——當你一人獨自工作時也要如此進行。首先從審視你目前選擇目標時的習慣開始。

問題 你竭盡所能工作，卻常常沒有拿得出手的工作成果

你可能有時會在工作中突然停下來問自己：「我為什麼要做現在的事情？」也許你馬不停蹄地從一件事情轉換到另一件事情上。你可能剛剛接到一通電話，收到一封信，不及旋踵，又得接待一位前來拜訪的同事。許多人都有過這樣的經歷。一份針對大公司主管的研究發現，這些人多數時間都是在打斷同事與被同事打斷中度過的。我們大部分人都把時間花在了與想要完成的工作幾乎沒有關係的事務上。有時我們越努力，收穫越小。

原因 你缺少一個良好的目標

造成這種問題的一個原因在於你對工作目標缺乏理解。和前面提到的那位年輕律師一樣，你目前正在做的事情可能是公司要求的，不過這並不是一個能夠幫助你把工作做好的目標。

缺乏目標會影響人們的工作效果。《聖經・箴言》（*Book of Proverbs*）有云：「沒有憧憬，人必消亡。」如果你的腦中沒有目標，你很難知道自己的工作做得如何。倘若你不知道工作的目的，即使接到明確的命令，你的工作積極性也會大打折扣。誰喜歡接受沒有目標的任務呢？不久以前，軍隊中有一條規定，犯錯的士兵要在地上挖一個深坑，然後把它填平。對於習慣勞累的士兵來說，這一行為最可怕的地方在於沒有任何意義，沒有目的的工作是一種懲罰。

傳統的管理理論認為：把任務的目的說清楚對改善員工的表現至關重要。大家都聽說過這種觀點，這句話說得沒錯。既然如此，為什麼你不定期解釋你們的任務（目的）呢？如何解釋你們目前的實際行動呢？下面請你考慮一些可能的原因。

你的反應針對的是過去的事情，沒有著眼於未來

我們往往喜歡回顧過去，而不是放眼未來，這可能是一個原因。「為什麼」一詞可以引出兩類完全不同的問題：

→「我是因為什麼做這件事的？」

→「我做這件事的目的是什麼？」

第一個問題是在追溯之前發生過的事情，第二個問題是在展望一個理想的結果。

我們常常沒有將引起我們行動的原因與我們意圖實現的目的或目標區分開。我們在解釋自己的行為時，常常不是用「為了……」開頭來引出未來的目標，而是用「因為……」開頭來提到過去的某件事情。

過去發生的事情的確可以很好地解釋目前的行為。也許我們的大部分行為都是過去的事情引發的，如成本增加、倉庫空間不足、戰爭、飢荒、洪水等。如果這種觸發事件是來自他人的請求，我們常常不會充分考慮自己的目標。與擔負起完成目標的責任相比，按照別人的幾個命令行事、把大局問題留給上司去掌控要輕鬆得多。

即使按照上司的指示行動，僅僅有一個「被動的原因」也是不夠的。

「你為什麼急著去拿報紙？」

「因為這是老闆的命令。」

老闆下達的指示足以作為拿報紙的理由，前提是你不想怠慢老闆或違抗老闆的命令。不過，如果你知道老闆讓你拿報紙的目的，你可能會把工作做得更好。你的老闆是想把報紙墊在油漆罐下面，還是想了解有關波士尼亞與赫塞哥維納（Bosnia and Herzegovina，編按：位於西巴爾幹半島的國家）的最新消息或目前公司的股價？

如果你不知道這份任務的目的，你就不知道應該在放報紙的櫃子中取出一張舊報紙，還是在報攤上購買今天的報紙，抑或是在網上查看目前的股價。在不了解目標的情況下，你不大可能知道正確的做法是什麼。我們常常會逃避訂定目標的工作，因為這件事很難。展望未來並不像回顧過去那麼容易，我們了解自己已經做過的工作。有人曾說：「先見之明是一門學問。」將我們想努力實現的目標描述清楚需要一定的想像力。從某種程度上說，這個問題源自我們的頭腦感知現實的方式。過去發生的事情是真實、切近、清晰的，而我們所計畫的未來是模糊、朦朧、不確定的。與目前影響我們的事情相比，研究未來的事情需要花費更多的精力。

你已經有了一個目標，但是它不管用

決定採用一個面向未來的目標僅僅是第一步。就像我們有時會盲目地工作是因我們是為了過去的某件事而不是著眼於未來的目標。

我們知道，一家公司或一個政府機關應該擁有願景。人人都這麼說。股東和政府官員都認為公司或政府機關應該有一個願景。不過，人們對願景的意義並不十分了解。除非你對擁有目標的目的十分期待，否則你的目標可能仍然達不到應有的作用。因此，許多團體的願景或目標並不能鼓勵它們的員工、指導他們的工作或者幫助他們判斷哪些工作更加重要。

大部分願景都會有一個或多個問題：

無法激勵人們的士氣。有些目標表述得很明確，但是沒辦法激勵人們去行動。平淡的目標尤其如此：整理資料，這樣我們在需要時就知道在哪兒找到它們；填填表格，這樣老闆就不會抱怨我們沒有工作記錄了。擁有一個沒人關心的目標幾乎等同於沒有目標。

無助於衡量成功。良好的目標還有一個功能，就是提供衡量成功與否的標準。在一天、一個星期、一個月、一年結束的時候，我們希望回顧過去時發現自己有所成就，我們希望有所進步。

沒有提供當前的方向。你的目標可能足以激發人們的士氣，但是缺乏短期的方向。令你備受鼓舞的遠大目標可能很遙遠，你並不知道為了實現這個目標明天應該做什麼。假設一群理想主義者對給人類帶來巨大災難的戰爭深惡痛絕，成立了一個非營利組織，目標是「為和平而工作」。不管這個目標多麼美好、多麼值得讚揚、多麼鼓舞人心，但和平本身並不足以指導行動。他們可能會朝著不同的方向努力，甚至可能互相衝突。有的人可能相信「通過擴充力量實現和平」，支持政府發展嚇阻武器；而有的人可能通過裁減軍備來努力實現和平。

如果你的目標不能滿足這些標準，你會發現目前你的大部分工作與目標並沒有關係。本書作者羅傑有一個習慣，他喜歡在法律專業課上請同學們說出如果他們能活到七十歲，他們希望朋友在追悼會上說些什麼。同學們的回答非常相似：「一如既往地關心家人、幫助朋友……致力於奉獻社會……助人為樂……擁有充實的人生……」當這些工作狂被問及他們正在尋找的工作或他們夢想的工作與上述目標有什麼關係時，他們卻啞口無言了。遠大的目標與勤奮的工作都是必不可少的，不過如果你不能把今天做的事情與最終目標聯繫起來，那麼你永遠也無法實現目標。

訂定目標並非輕而易舉

訂定出一個非常適合你為之努力的目標是很困難的，因為短期計畫和長期計畫之間有無限可能。展望遙遠的未來，我們可能會具有理想色彩，富於想像力，充滿遠見。長期來看，一切都是有可能的，我們不會被眼下的問題限制住。

不過，遠大的理想對今天的工作幾乎沒有影響。我們每天一直在做的日常工作與遙遠的目標之間常常毫無關聯。你每天都在努力工作，回答別人提出的問題、接電話、閱讀信件、收發信件。不過，即使你有時間思考一下令人興奮的長遠目標，也不會讓這個目標變成現實。沒有人關心微不足道的目標，但是宏偉的目標似乎永遠也無法實現。這種目標可能離我們很遙遠，我們並不知道怎樣才能離它更近一些。

方法 訂定一個能夠激勵和指導你的目標

不管你做什麼，你都需要有一個明確的目標。你可能在搭建圍牆、撰寫報告，或者努力改善你與他人的合作方式。如果你的任務是選擇目標，你就更需要目標了。你需要知道為什麼你需要目標。

不要只是被動地反應，要主動向前看

我們常常認為目標是別人給予的，是事先存在的，就在某個地方，只需要簡單想一想，就能想起我們的目標是什麼。實際上，良好的目標不是

找出來的，而是訂定出來的。

你不需要在回顧過去與展望未來之間作出選擇。你可以兼顧兩者。回顧過去可以幫助你發現一些可能的目標、知道自己應該做的事情、這些事情的緊急程度以及不如此做的危險。不過，回顧過去並不能讓你獲得足夠的行動指導。不管來自過去的原因如何緊急，你能夠影響到的只有未來。

你可能正在參加一堂管理課程，因為這是老闆推薦的，或者因為公司已經交了學費；你可能正在研究某個競爭對手的產品，因為主管叫你這麼做。不管這種來自過去的原因如何重要，你都應該展望未來，為自己訂定一個目標。你會從中受益匪淺。

如果你正在參加一堂管理課程，那麼你想得到什麼呢？想學到什麼分析方法？想獲得什麼技能？如果你所在的團隊正在研究某個競爭對手的產品，那麼你們的目的是什麼呢？是想找到其中的缺陷然後告訴消費者？還是想借鑑他們的創意？

專注於為實現目標必須要做的工作上，和其他想要做的事情之間永遠有著矛盾。不是每家企業的每個活動都能用於實現某個美好的長遠目標。不過，你可能會把過多的寶貴時間和精力用在閱讀報告、寫推薦信、歡迎外賓以及其他「友好事務」上，這些工作並不能幫助你朝理想目標邁進。你不可能把生命中的每一秒都用在為實現目標而付出的努力中，不過你應該盡可能地抓緊時間。你可以把減少花在無關活動上的時間作為目標。正如艾倫工作坊上的一位經理所說：「我們的時間是有限的，但我們能做的工作是無限的。」

訂定一個有助於完成任務的目標

一旦你意識到目標是選出來的，你就需要作出選擇了。這種目標可以是一天的目標、一年的目標，也可以是一生的目標。並不是所有的目標都一樣優秀，有些目標能幫助你更好地提高效率。

擁有目標的目的是什麼？一個良好的目標應滿足什麼標準？如果我們在清晰的目標下能工作得更好，那麼我們在訂定目標時擁有清晰的目標顯然是不無益處的。有些人僅僅滿足於「活得開心」這個目標。如果你壓力很大，你的目標可能是「熬過這一天」。你的目標越大，你完成的工作就越多。一組優秀的目標應符合四個標準：

↓鼓勵你付出更大的努力。
↓有助於衡量行動的成功與否，評估你所付出的努力。
↓鼓勵你從現在開始努力。
↓保證你的日常工作有助於實現你想要獲得的最終結果。

訂定三個時間段的目標

同一個目標不太可能滿足所有這些標準。如果你的目標遠大、鼓舞人心——比如終結市中心的校園暴力或創辦一家能夠成為市場領導者的新創公司——那麼我們很難看出為了完成這個目標今天應該做什麼。如果你的目標比較謹慎，很快就能實現——比如編輯一所學校的青少年犯罪資訊或尋找挖掘一位潛在客戶的方法——但這種目標很難產生較大的影響。既然宏大的目標與實際的目標都各有優缺點，那麼最好的建議就是不要在二者之間作出選擇，而是同時採用這兩個目標。通過在三個或更多時間段訂定理想的目標，你可以獲得：

↓鼓舞人心的長遠目標。

↓本身具有價值的中期目標。

↓一些可以即刻著手去實現的短期目標。

你可以不斷修改這些目標，確保它們相互協調。

鼓舞人心的長遠目標。只有當你的目標具有實際意義、足以激發一定的工作熱情，你才有可能把工作做好。僅僅訂定清晰的目標是不夠的。如果你的目標是在地上挖出二十個六英尺（約一．八三公尺）深的洞，然後把它們填平，這個目標顯然非常明確。不過，除非你能給出合理的解釋，否則這個目標無法令人滿意，不能作為實用的工作目標。

你需要預見到未來的情況，以證明目前的努力是有價值的。你希望同事們不僅僅實現人們的預期，而且發自內心地為他們所理解的目標努力。國際紅十字會的工作人員和其他救援工作者面臨著巨大的危險和困難，他們的工作動力源自他們的崇高使命。我們投入到一份工作中的精力取決於這份工作的目標。如果我們知道自己在建造一座教堂，那麼我們每天開鑿石塊時會更賣力。

不是每一個目標都能鼓舞人心。不過，你的長期目標與目前的工作越有關係，你的工作效果就越好。這個目標可能是個人目標：如賺錢為家人購買新居，或存錢去阿拉斯加徒步旅行。如果你的目標與工作本身有關，當然是最好的：如改進生產線、降低成本，以使更多的人買得起你們公司產品的處方藥。要想賺錢，你可以做許多工作。你目前從事的工作有什麼優點？如果你覺得不需要說出像「我做這件事的目的是什麼」或者「我看不出這份工作的實際意義」這種質疑的話，當然是最好的。長期目標越是不言自明，越有可能意義重大，能夠影響和鼓舞那些正在工作的人們。

良好的長期目標應該著眼於未來，訂定這種目標時不必被今日的新聞或眼下的困難左右，你也不會因為目前銀行帳戶中資金有限或者因為上次董事會上某個人的發言而改變自己的計畫。你選擇目標時應該放眼未來，不受近期的瑣事影響。

不過，你的遠期目標不能與目前的工作沒有任何關係。「遠在天邊」的目標不會讓你產生方向感。不管你的目標如何遠大，如何鼓舞人心，它都應該做到清晰可及，能夠指導你明天的工作。

路標式的中期目標。麻薩諸塞州（Massachusetts）瑪莎葡萄園島（Martha's Vineyard，編按：美國知名度假勝地）舉行過一次有名的小型帆船比賽。那天海面上大霧瀰漫，波濤洶湧。人們只能看到鄰近的船隻，別的什麼也看不見。由於沒有判斷方向的路標，有艘船上的船員悄悄地把錨降到海底，以感知目前的移動方向，結果發現船隻正在往回漂，因此他們把錨固定在海底，直到海浪方向改變才重新起錨。由於其他帆船被海浪推到了後方，因此這艘帆船「移動」到了最前面，最終贏得了比賽。

你的目標應該能夠衡量你的工作效果。你並不希望等到幾年之後才知道自己是否能完成遠期目標。如果你直到最後才能衡量成果，難免為時已晚，到時候想做什麼都來不及了。你絕對會希望前進道路上有一些衡量進度的路標。完美的願景中應該包含一項中期目標，這個目標應貼近實際，便於測量，而且可以在追逐某個長遠目標的過程中完成。具有時間限制的清晰中期目標可以衡量你的表現，而且當你發現目標存在問題時，你仍然有糾正的時間。

當你以一個長遠目標為方向努力工作，也許你永遠也無法實現這個目標，甚至你可能決定突然轉向另一個目標。為了避免浪費時間，不管你是否能完成最終目標，中期目標本身都應該具有價值。根據這一標準，把一座橋從河岸搭建到河流中間並不算是中期目標，搭建橫跨兩岸、僅有一半寬度的橋樑才算是中期目標。

柯達公司建造哈伯太空望遠鏡（Hubble Space Telescope，編按：於一九九〇年發射在地球軌道上觀測太空，為天文史上最重要的儀器）的部門曾接到一個消息，如果國會削減衛星開發資金，美國國家航太暨太空總署（NASA）可能會終止這個項目。為避免白白浪費精力，柯達特意闢出一個工程師團隊，負責保證他們為衛星開發的技術也能用於其他商業用途。當他們遇到可以在許多方法中作出選擇的工程問題，會優先選擇在其他場合最有可能派上用場的方法。

一些短期目標。鼓舞人心的長期目標可以為我們的工作提供方向和理由。中期目標可以為我們提供前進道路上的一些可以測量的、有價值的路標。此外，我們還需要知道近期應該開展哪些工作，以便讓大家參與到這個計畫中。

即使你訂定出了長期目標和中期目標，如果你無法回答「下一步做什麼」、「我們這個星期應該取得什麼結果」這些問題，那麼你也很可能無法實現這些目標。你應該通過短期目標拉近你與中期目標乃至長遠目標的距離。

每一個政界人士都知道，僅僅用更加美好的城市、廉潔的政府或新的民主精神這樣的長遠目標來鼓勵支持者是不夠的，他們還需要用近期行動籠絡支持者。待命的工作者需要有能夠為之努力的短期目標。為了讓選舉活動有效進行，候選人會請選民協助一些他們可以參與達成的短期目標，如按門鈴、裝信封、貼郵票、分發海報、回覆信件或接電話等。一旦開始採取行動，就可能變得非常投入。很少有人願意認為自己是多餘的、自己所做的工作是白費力氣，人們往往認為自己目前所做的工作是很重要的。投入到工作中——尤其是對崇高遠大的目標有意義的工作——更有可能讓你擺脫疑惑和矛盾心理，堅持工作下去。（我們常常堅信目前所做的事情是正確的，因此我們需要定期檢查目標，看看它們是否合理。）

根據你想取得的結果訂定目標

聽上去有價值的目標可能無法提供方向感。醫生的一個基本目標就是

「不傷害病人」。這對醫生的行為是一種正確的限制和提醒，不過它沒有提供任何行動指導。對於醫生來說，打高爾夫、在花園裡除草、看電視、看小說都是不傷害病人的行為。

如果你想做點實際的事情，而不是僅僅希望自己有事可做，那麼你的目標最好能體現出你想要完成的工作。最好的目標並不是未來的某些時期你將努力、有效率、快樂地工作，而是你在未來某個時間點能取得某種可以衡量的成果：你可能想建造一座教堂或穀倉；想清理四十英畝（約十六公頃）土地；付清抵押貸款；希望公司擁有一百名或者五百名正職員工。不管你的目標是什麼，你應該能夠在目標完成時意識到這一點。

簡單來說，良好的目標應該是名詞，而不是形容詞。如果你的目標是取得「完美」或「一流」的結果，那麼這種目標不會給你任何指導。比如說，一家以社會機構為客戶、以綠化和移除樹木為業務的小公司可能會把「與客戶建立良好的關係」作為公司目標。如果你是公司裡的一名員工，負責與客戶打交道，那麼你還是不知道應該怎樣做。為了與客戶建立「良好的關係」，應該給客戶折扣嗎？當颱風把樹木刮倒時，是先為現有客戶服務，還是憑著與老客戶的友好關係先為新客戶服務？一個實實在在的公司目標可以給你提供更好的行動指引：「從現在開始，一年之內，我們要讓公司最大的三個客戶把新的業務以我們希望的標準價格承包給我們，而不是承包給其他競標者。」有了這樣一個具體目標，你就可以思考自己需要做什麼了。

你的目標可能是一個實實在在的產品，也可能是某種形式的報告。在許多情形中，尤其是對高層管理人員來說，改變某些人員的行為也是一種目標。一家大型化學公司的董事長發起了一個大型計畫，目標是讓管理人員把技術工作交給手下的員工處理。這位董事長的長遠目標是提高生產績效，中期目標則是對管理人員的管理方式做出實質性改變。為了讓中期目標確實有效，他應該對管理風格的變化做出衡量。有許多可供選擇的評判標準。這位董事長可以要求管理人員提交接受過培訓、有能力處理未來各領域技術問題的人員名單。他也可以要求這些高階主管將自己看到的變化證據匯報上來。

具體步驟　建立一組目標

有一個很有名的故事。有一個路人看到一個人在路燈下走來走去。路人上前詢問他是否需要幫助，結果那個人說他正在尋找丟失的汽車鑰匙。兩人找了一會兒，路人問那個人是否記得他在哪裡丟了鑰匙，那個人回答說：「我是在離這大約半條街的距離掉的，但是只有路燈下面能看清楚，所以我一直在這裡找。」這個故事告訴我們，工作時不能僅僅挑選容易的事情去做。

要想讓你的努力發揮作用，你所追求的不同目標應該是層層遞進的關係，而不應該相互矛盾。你在各個階段付出的努力應該積累起來，它們應該具有相同的方向，現在如此，未來也應如此。這意味著你的長期目標、中期目標和短期目標應保持一致，它們應共同指明你的前進方向。你的長遠目標決定了你的前進方向，也決定了你的中期目標和短期目標。不要選擇與長遠目標不一致的短期目標，不管這些短期目標有多簡單。當你知道優質的目標應該具有的特徵（優質的目標應該是基於三個或更多時間段的一組實實在在的目標），你就可以開始考慮如何選擇目標了。

選擇最能激發自信的目標

有時你會被一個長遠目標所鼓舞：「十年以後，我想讓我們公司的分支機構遍布全球。」或者，你可能對每天的工作任務很滿意，相信你會取得良好的結果：「我為我們的公司而自豪。我熱愛我的工作。」當你訂定目標時，你應該選擇一些有意義的目標，而且讓其他人也接受這些目標。

修改短期目標和長期目標，使之相互協調

不管你最開始選擇的目標是什麼，你都應該不斷修改短期目標和長期目標，直到你對不同時間段應該取得的成績感到滿意。

想一想「出於什麼目的？」有時你不太清楚自己的長遠目標，但是知道自己明天想取得什麼結果。如果你對接下來想要做的事情感到猶豫，應該問一問自己：「為什麼？這麼做是為了完成什麼？」

如果你對這個問題有了答案，你可以再問一次同樣的問題。你可以將這個問題重複許多次，直到無法回答為止。在探尋動機的過程中，不需要尋找唯一的「正確答案」，最好能想出許多可行的目標，然後從中選擇。

例如，如果你整體上對每天的法律工作還算滿意，不過也不是事事順心，你可能應該捫心自問：「我做律師的目的是什麼？」你能不能離開這個行業做點別的事情呢？如果你的理由是被動的，例如你不知道不做律師以後如何還房貸，那麼你應該考慮一些從事法律工作的積極理由。經過思考，你可能發現自己喜歡代理某些類型的客戶，不喜歡代理另一些類型的客戶。也許你喜歡代表不是很富裕的群體處理環境方面的訴訟；也許你喜歡幫助高科技創業公司，因為這些公司可以促進經濟增長。不管你喜歡哪種客戶，你都可以試著建立這樣一個中期目標：尋找一些夥伴，組建一家自己的公司，更加專注於為某些類型的客戶服務。

接著，你需要再次提出同樣問題：「為什麼？」你為這些人提供法律服務的目的是什麼？是為了賺錢嗎？是為了賺到足夠多的錢來「做好事」嗎？是為了讓世界變得更加美好嗎？變得對誰更加美好呢？如果你能訂定出一個比較遠大的目標，你可能會變得更加快樂、更有效率。

督促你和你的同事建立清晰的長遠目標可以幫助你們獲得更深層的總體行動指引。經過思考，你們可能會改變之前的中期目標，修改下一步的行動計畫，使它們與長遠目標保持一致。

想一想「可以通過什麼途徑實現目標？」當訂定完長遠目標，開始訂定中期目標和短期目標時，我們會問自己：「怎樣才能實現長遠目標？通過什麼途徑？」假設一些有志之士以建立全球聯邦政府為目標，他們應該想一想怎樣才能做到這一點。哪些中期目標與這個長遠目標相一致？要想知道明天應該做什麼，需要在遙遠的未來與今日的現實之間架設橋樑。這種中期目標可以是以實現終極目標為己任的世界聯邦黨，還可以是宣傳終極目標以贏得支持的書籍或課程。

個人目標

前面提到的那位缺乏積極目標的律師不必安於現狀。他可以為自己訂定一個目標，而不是期待他人為自己提供目標。他可以像這樣訂定個人目標：

長期目標——

五年內，我會開一家私人律師事務所，專注於我最喜歡的案件：軟體知識產權案件。

中期目標——

兩年內，我會與這個領域的三個客戶合作，並且憑藉自己的力量為公司帶來兩個客戶。在業內我將以擅長知識產權領域的案件聞名，我將發表一篇關於軟體版權案件的文章。

短期目標——

這個月月底，憑藉我在目前案件上的優異表現，管理合夥人將同意讓我來口頭匯報。我會在業餘時間研究史丹帶來的新案件，並向他提出一些良好的建議，讓他把新案件交給我來處理。我會加入版權商標律師委員會。

Step 2

使團隊使用這項技能的願景更加清晰：每個人一起訂定出一組目標來達成

即使在獨立工作時，建立目標這種個人技能也是很寶貴的。此外，你還可以以此技能為基礎實現更大膽的目標——促使團隊實現良好的合作。

問題　與他人共同工作時，混亂的目標會阻礙前進

假如你有清晰的目標，你就會取得更好的成績。同樣的道理，你的團隊擁有清晰的共同目標，你的工作也會更順利。隨著團隊人數的增加，擁有一個清晰明確的目標也變得更加重要。如果你獨自工作時沒有目標，你可能還是可以做出一些成績。但如果你和其他人共同工作時缺乏明確而一致的目標時，就可能會一事無成。一個團隊如果不知道自己想要做什麼，這個團隊必將陷入混亂中。

律師事務所的年輕合夥人發現自己的工作熱情正在減少，因為他缺乏對個人目標的清晰理解。這還不是最壞的結果。第二年，他發現事務所已徘徊在崩潰邊緣。

三個管理合夥人為事務所帶來了大部分業務，在公司決策上最有影響力。安迪以知名金融家作為目標客戶，希望保留一批最聰明的年輕律師，以便隨時承接這類訴訟案件，登上《華爾街日報》頭版。史丹根據國家戰略，將拒絕向企業客戶賠償環境清理成本的保險公司作為主要訴訟目標。他承接了一些市民要求環境賠償的案件，報酬都很低，為的是在法院建立起有利的先例。這些案件涉及的問題長達數年，而且相關的環境損害線索頭緒極多，因此需要大量人力來研究所有證據文件。弗雷德希望所有律師為正常客戶服務，以提高每位合夥人的收益，這是行業內衡量一家事務所是否成功的通用標準。三位管理合夥人在事務所的會議上爭執這些問題好幾年了。最後其中一個人離開事務所，帶走了許多客戶資源。此時那位年輕的合夥人早已不再關心這些事情，因為他已經辭職了。

令人擔憂的是，這類情況極其常見。在很多情況下，團隊中的一些成員感受不到團隊目標給他們帶來的激勵作用，對工作漠不關心。其他人則努力帶領團隊朝著不同的方向前進，他們並沒有正式討論公司應該取得什麼樣的目標。人們並沒有從團隊的願景獲得工作上的指引。這些問題是如何產生的呢？

有些原因與你獨自工作時遇到的原因相同。人們喜歡回顧過去，很少會放眼未來。有時我們的目標很模糊，比如「完美」，這種目標並不會給我們帶來行動上的指引。

有的人不知道團隊的目標

每當新人加入團隊，我們通常會花很多時間告訴他們應該做什麼，但是很少會告訴他們為什麼要這樣做。短期來看，這可能會為我們節省一些時間，不過當這些新人遇到新問題，他們還是會回來向我們求助。

工作目標相互矛盾

人們共同工作時，對於想要取得的結果常常具有不同的理解。你的鄰居提議在你們的院子後面一起修建一面圍牆，把院子與相鄰的田地分開。你接受了這個建議，因為你想把兔子擋在花園外面。結果你發現鄰居修建了一面八英尺（約二‧四公尺）高的木製圍牆，以阻擋附近公路的噪音和視線，但是兔子可以毫不費力地在這面圍牆下鑽過去。

如果你們一開始就明白對方的想法，那麼完全可以同時實現兩個人的目標。在一起工作的人越多，人們的目標發生衝突的可能性就越大。

你很難讓每個人充分投入到工作中

在團隊中工作的人比獨自工作的人更容易犯懶。有其他人在場時，你的精力更容易分散——你可能與他們保持良好的關係，也可能彼此鉤心鬥角。此外，工作的緊張氛圍也漸趨鬆弛，如果你不解決問題，一定會有其他人來解決，大可休息一下。身處一個群體之中，我們的責任感會下降。社會心理學家發現，拔河比賽中一支隊伍拉扯繩子產生的力量遠遠小於每個人單獨拉扯繩子產生的力量之和。

理想狀態

共同訂定出一組能夠指引和激勵團隊的目標

你已經掌握了獨自工作時訂定目標的技能。如果一個團隊的所有成員都使用這種技能，他們就可以更好地工作。不同的人可以追求不同的短期目標，就像一家大型餐廳的廚師烹製不同的菜餚一樣。長期來看，所有人又都在為同一個長遠目標而努力。如果所有人都能理解所在團隊的目標，那麼他們就能更好地完成任務。如果你知道你的工作對團隊的貢獻，而且你明白你的同事也理解你的工作，那麼即使是卑微而無聊的工作也會變得非常有價值。甘迺迪總統曾在卡納維拉爾角（Cape Canaveral，美國甘迺迪太空中心所在地）詢問一位打掃的老人：「你在這裡做什麼？」老人回答說：「我們正在努力把一個人送到月球上。」

為了訂定目標，使之成為更加有效的行動指引，我們可以集思廣益，集中討論，訂定不同方案並進行修改。哈維・瓊斯（John Harvey-Jones）是英國帝國化學工業公司（ICI）這家國際超級化學公司的前總裁，他在《夢想成真》（*Make It Happen*）書中描述了他和董事會成員如何使用這種方法訂定公司方向。他們會進行非正式會談，「為製作掛圖付出極大的精力」。三天的工作結果「常常只是不超過十個目標在掛圖上，而且我們認為是個不錯的結果」。在他看來，他們通過這種方式獲得了「一個共同觀點和對這個觀點的認同，這與我們通過其他方式得到的結果通常是不一樣的」。共同訂定目標的方式可以極大降低工作目標相互抵觸的風險。

所有人參與到目標的訂定中

當一個團隊的成員參與到團隊目標的訂定中時，他們對目標的理解是最清晰的。你可能會想：「這件事簡直不可思議，一家大公司不可能邀請每一位員工開會訂定目標。怎樣保證員工選擇的目標與董事會和股東希望實現的目標保持一致？」你說得沒錯，這件事很難，不過並非沒有可能。良好的目標是很難訂定的。共同工作的人數越多，我們就越不容易讓每個人參與到共同奮鬥目標的訂定。此外，處於一個組織高層的某些成員對該組織訂定的目標負有特殊的責任。

實踐證明，一個組織中的每個成員都應參與到他所負責的目標的訂定中。當高層訂定出長遠目標或中期目標，各個層級的員工可以對他們的工作進行規劃，以便更好地實現組織的長遠目標。

針對不同的時間段、在一個大型任務的不同工作層級訂定目標這種方式最有價值的地方在於更多人可以參與到相對有效的目標訂定過程中。董事會可以訂定長遠目標，中層管理人員可以訂定中期目標，普通員工可以訂定一些短期目標，以實現中期目標和長遠目標。

管理者的一個任務就是檢查每個小型團隊或每個員工訂定的短期目標是否與長遠目標相一致，是否與員工的工作能力相適應。需要有人站在組織的立場上提出「出於什麼目的」和「通過什麼方式」這種問題。通過檢查每個員工訂定的目標，管理者還可以保證這些員工理解他們正在為之努力的長遠目標。

所有人都知道同事的短期目標

共同訂定目標的另一個好處在於每個人不僅知道自己下一步要採取的行動，而且知道同事接下來的目標。如果你知道同事的目標，你就可以提供相關的訊息和資源，幫助同事實現他的目標，並預先避免一些可能與同事產生的衝突。

由於親身參與了目標的訂定，大部分人變得更加努力

如何讓員工將集體的目標當做自己的目標，是所有組織都要面對的問題？我們怎樣才能讓員工——不論是門市人員還是管理階層——真正做到為團隊的目標而努力奮鬥？

要想讓一個人將團隊的目標當成他自己的目標，最簡單的方法就是讓他也參與到團隊目標的訂定中。如果你為了實現一個長遠目標訂定出了計畫，你多半會認為這個計畫很重要。倘若一個人參與到某個績效目標的訂定中，他會認為這個目標很合理——如果他是訂定目標的一員，那麼他很難以公司對他的期望過高為由逃避責任。

「怎樣才能達到這種理想狀態？」為解釋這個過程，讓我們舉一個小例子。假設有一家提供談判建議的小型諮詢機構，這家公司的創辦人突然產生了一個想法，要求三個年輕的諮詢師抽出一半的工作時間來幫忙。他召開了一次會議。

創辦人：我想我們應該為校園暴力問題做點事情。我們無法拜訪每一所學校，不過我們可以製作一個孩子們愛看的活潑影片節目，把道理講給他們。很多學校雖然請不起我們，但是它們可以花幾百美金買一套我們製作的影片。我們可以一邊做好事一邊賺錢。有一些娛樂公司因為在電視上展示色情暴力內容而受到批評，它們可能會通過支持這個計畫來提升它們的形象。為此我們需要做些什麼呢？我們怎樣才能做到這一點呢？

諮詢師1：我建議我們先做一集節目。我們可以拿著這支影片去拜訪客戶，如果有人買，我們就有資金去做後面的節目了。

諮詢師2：如果他們不喜歡呢？我們會為此白白浪費大量時間。

諮詢師1：我們會把我們一直在普及的理念放到節目中，我們還可以在其他課程裡使用這支影片，我們可以在目前標準課程要點的基礎上建構一些案例，放到影片裡面。

諮詢師3：在此之前，我們需要找到一個願意提供製作費用的合作夥伴。誰有認識的人能跟製作公司聯繫？

諮詢師2：我可以問問我們的董事會成員，他們人脈很廣。我們需要做點東西出來，把我們的計畫展示給他們。

諮詢師1：我們可以拍一個低成本影片。

諮詢師3：就憑我們的表演程度嗎？真正的電影人難道不是要給製作人看劇本嗎？

創始人：好主意。你願不願意試著寫一個劇本？

諮詢師3：嗯，好的……

經過一段時間的討論，他們採納了下面的目標：

長遠目標——

五年之內，我們將成立一個製作教育影片的部門，這些影片可以教導中學生如何通過談判而不是暴力來獲得他們想要的結果。全國許多學校都將使用我們的影片節目。看過這些影片的少年因暴力犯罪行為被捕的比例會下降。影片的內容由我們部門提供，我們將與專門負責製作發行的娛樂媒體組成戰略夥伴。這個計畫的收益足以維持項目自身的正常運轉，並能為其進一步發展提供資金。

中期目標——

兩年內，我們將製作一支十到十五分鐘的影片，透過幾個簡單案例教導大家如何使用非暴力途徑解決問題。即使後續不再製作，這支影片也是有價值的，可以把影片放到其他現有課程中。此外，通過製作這支影片，我們還可以為製作其他影片節目累積經驗。

短期目標——

三個月內，我們將：

↓與至少兩家媒體公司（如迪士尼、派拉蒙〔Paramount〕、時代華納、尼克兒童〔Nickelodeon〕）有影響力的負責人見面，讓他們對這個計畫產生興趣（由創辦人完成）。

↓擬定一份計畫草案，其中包括整套影片節目梗概（諮詢師1）。

↓擬定第一集劇本草稿（諮詢師2和諮詢師3）。

如果你覺得共同訂定目標的做法對你很有吸引力，下一個問題就是，

怎樣才能做到這一點呢？

Step 3

如何帶人：改善團隊訂定目標的方式

知道了一個團隊共同訂定目標的方式以後，你就可以專心於如何將其變成現實了。你可以獲得同事、下屬甚至老闆的支持。根據情況，你可以選擇看上去最有效的策略。但這個過程不會很輕鬆，有時你還可能會弄巧成拙。

之前提到的年輕合夥人律師所在的公司缺乏明確的目標。這位律師想要改變這一狀況，可惜他所選擇的策略並沒有達到應有的效果。

這位年輕的律師認為目前的現狀是管理合夥人之間的分歧而造成的。在一次為解決公司收入大幅下滑而召開的合夥人會議上，他大膽地向管理合夥人提出了意見：「你們抱怨我們沒有賺到足夠多的錢，希望年輕的律師在工作上投入更多的時間。可是安迪一直叫我們去做公益案件，這些案件不會給我們帶來任何收益；史丹則讓許多律師去做背景研究，以便在他發現新客戶時派上用場。不要因為公司收益低而責怪我們。如果你們真的想讓公司賺到更多的錢，你們就應該放棄上面這些主張。」這位年輕的合夥人因為說出了事實真相而得到了很多同事律師的稱讚。不過，幾個高層合夥人並沒有改變他們的人事安排，只是把一些無聊的任務分配給了站出來說話的年輕合夥人。

這位年輕的律師想：「我批評了他們目前的行為，卻沒有提供他們任何積極的意見，所以不怪他們仍然固執己見。」他的第二個行動是提出自己的解決方案。在接下來的合夥人會議上，他帶來了自己為公司訂定的願景。他讓眾人傳閱了這份願景，然後提議對這份願景進行投票表決。資歷最深的合夥人壓根兒沒看這份願景，他說：「我們是找你來合夥的，你以為你是老闆嗎？我創建這家事務所時你在哪兒？」結果，年輕律師的投票以慘敗收場。

如果你遇到這種情況，你能做什麼呢？你還可以使用哪些方法呢？請你停下來思考一下這個問題，然後再來閱讀我們的建議。我們不能保證我們的建議比你的方法好，不過這些方法應該能夠給你提供更多的參考。

了解每一個任務的目的

為了讓你的團隊更好地工作，你能做什麼呢？你可以從小處著手。即使是不重要的任務也應該有明確的目標。每當你接到上司的指示或同事的請求，你都應該請他們提供資料，了解它的目的。想像一下，老闆吩咐你去拿報紙，為了更好地完成這個任務，你需要知道它的目的。比起你直接問老闆：「為什麼？」老闆可能會回答說：「因為我叫你拿！」你應該讓她理解你的意圖，比如你可以說：「是的，夫人。不過如果我知道您想要用報紙做什麼，可以幫助我盡快拿到您所需要的報紙。」對於所有工作來說，原因和目的都很重要。類似地，你請別人幫忙時，也應該提供資料。當你發出命令或請求時，你應該花點時間解釋一下你的目的。

如果你已經掌握了這個方法，就可以研究下面的問題了。為了讓大家充分地理解團隊目標，還需要學習一些更加重要、更加難以掌握的方法。

努力改善團隊的目標

此時你通常需要面對兩個問題，一是團隊的目標可能缺乏實際內容，二是這個目標的訂定過程可能無法讓普通成員對目標產生認同感。我們會依次介紹如何解決這兩個問題。

尋找資料：找出目前願景背後的理念。如果你們公司願景平淡無奇，無法讓員工產生鬥志，或者表述含糊，無法轉化成具體行動，那麼你首先應該發掘目標背後的理念。不要覺得你應該掌握了所有相關資訊。問題可能在於沒有人認真考慮過怎樣才能讓願景發揮應有的作用，也許你們只需要把團隊領導者的思想解釋清楚就行了。也許公司的目標還有一個更加詳細的版本，只是沒有人告訴你。也許有些因素阻止你們訂定有效的目標，只是你還沒有意識到這些因素。首先，你需要獲得關於這個問題更加全面的資訊，這些資訊不只你一個人可以使用。當你請其他人幫助你尋找更多資訊時，他們也可以加入你的行列。

回到前面的例子。年輕的合夥人可以依次與三個資深合夥人會面，提出一些問題：

→「我們的願景從何而來？是誰寫的？」

→「這份願景的含義是什麼？」

→「你怎樣看待這份願景？」

→「你覺得這份願景哪些地方吸引你？」

→「這份願景是何時規劃的？之後你的思想是否發生了改變？」

你提出的這些問題可能會產生兩種結果。你可能會獲得鼓舞人心的滿意回答，從而得到行動指引。在這種情況下，只需要把這些資訊傳達給公司裡像你一樣的人就好。還有一種可能，就是公司管理階層缺乏一個嚴肅認真、能夠鼓舞人心的目標。這並不意味著你不需要提出問題，相反地，你應該繼續提問，引導你的老闆進行思考，並讓你的老闆在回答之前有充足的時間進行思考。

在這種情況下，地位較低的人更容易對他人產生影響。沒有人會因為你想深入了解團隊目標而責怪你。你的提問可以促使管理階層思考問題，這些問題正是你想在訂定目標的會議上提出的議題。你應該像沒有經驗的人虛心向他人請教那樣提問，不應該故意為難訂定目標的人。首先，你需要和一個具有足夠影響力的資深管理者約定一個合適的交談時間。讓我們接著看律師事務所的例子。年輕的合夥人可以這樣說：

「您好，先生。我在想是否可以和您約個時間談一談我們公司的目標。我對公司的目標有一些疑問，想確認我的工作能夠更幫助到公司的目標。我覺得這次談話大概需要半個小時到一個小時的時間。我覺得我對公司的目標不太理解，對商務人士使用的一些專業術語琢磨不透。如果我們的目標是『在法律實踐中做到出類拔萃』，那麼我們五年之內應該達到什麼程度呢？我們是應該擁有更多客戶、同時增加幾十名律師呢，還是應該提高案件的勝訴率？」

一旦你幫助老闆訂定出了一個實實在在的目標，你就可以協助他繼續訂定出與之相符的短期目標和中期目標。「好的，為了在五年內實現這個目標，我們應該在今年年底之前完成哪些任務？」「我們這麼做又是為了什麼呢？這個結果能幫助我們取得哪些更長遠的目標呢？」「我正在考慮最近有可能實現的短期目標。要不我們這樣……」

你們很可能會得到一組涉及多個時間段的目標草案。這份草案不會很完美。實際上，你並不希望這份草案完美無缺。此時這份目標還只是你和老闆的目標，如果你想讓它變成整個團隊的目標，你就必須留出改善的空間。你可以這樣說：「我把這些目標印出來給大家看看怎麼樣？這樣也許可以幫助其他像我一樣的年輕人，他們也需要擁有確切可行的簡單目標。其他資深合夥人也許還能再補充幾個目標。」你的草案可能會在整個公司引發一場討論，而你只是提了一些問題並把結果寫下來而已，並沒有做出冒犯別人的行為。

在引導上司思考這些問題時，你應該向他傳達這樣的訊息：「我知道您對公司的了解比我多，因此我想向您學習。」如果你成功傳達了這個訊息，那麼你的主管很可能不會拒絕你。

提供資料和分析：把你自己的想法說出來。你的上述行動可能進行得不是很順利。也許主管不會抽時間與你見面，或者覺得你提出的問題並不重要。也許他們不理解你所說的問題：「我們已經按照公司顧問的建議撰寫了願景，現在就掛在牆上。難道還有什麼問題嗎？」

不要輕易放棄。如果你覺得公司的願景無法讓人產生鬥志或者無法幫助人們做決策，那麼其他人可能也會擁有同樣的想法。這一點對公司的管理階層非常重要。在大部分公司裡，高階主管並不知道他們規劃的願景有所不足，如果你告訴他們願景不夠好，他們可能覺得你在責怪他們。由於他們位高權重，大部分員工並不想冒犯他們，此外，人們通常認為忠誠而勤奮的人應該努力為團隊的目標奮鬥，承認自己對公司的願景沒有感覺是需要勇氣的。

你可以找到一個資深合夥人，然後這麼跟他說：

「我下面說的話可能聽起來不太順耳，不過我並不想抱怨什麼。不管怎麼樣，我還是要把話說出來。我不知道如何理解大廳裡張貼的公司願景。當我思考怎樣才能為公司作貢獻時，我就會看看這份願景。我想我不太清楚『在法律實踐中做到出類拔萃』是什麼意思。我不知道怎樣才能變得出類拔萃，至少對我來說，這份願景非常抽象，我並不理解這份願景的含義，因此每當我通宵加班時想到『我為什麼要這麼做』這個問題時，我無法從這份願景中得到答案。我想其他人可能也有同樣的想法。如果我們能有一個更清晰的工作目標的話，我們可能會取得更多成績，把工作做得更好。」

你應該談論願景對你的影響，而不是判斷願景是好是壞。你應該指出現在的目標無法激發你的工作熱情，即提出「資料」，並和你的主管一起「分析」原因，分析可以解釋為何你對目前的願景沒有感覺，又不會讓這件事對你個人產生不利影響，它可以讓人們聚焦於如何改進願景，而不是你的「糟糕態度」。對於一個為激勵年輕律師努力工作而傷腦筋的資深合夥人來說，這種分析可能正是他所需要的。

提供方向：把籠統的目標變成實實在在的目標。如果你發現提問沒有作用，或者你覺得即使你直接提出建議，你的老闆和同事也不會反感，那麼你就可以指出明確的方向——不是提出具體的目標，而是提出新的目標應該具有的形式。在律師事務所的例子中，公司面臨的最大問題不是缺乏目標，而是目標之間有嚴重的衝突。你並不想讓大家捲入關於目標內容的爭執中。

你可以去見三位核心合夥人中的一位：

你：我覺得律師的時間調配問題不僅僅是具體方法上的分歧，看起來大家對公司的基本方向有不同的意見。是這樣沒錯吧？

合夥人：是的。不過眼下的問題是讓他們提供更多人手給我們。

你：也許我們需要先擬定一個計畫，確認公司五年內的發展目標，而不是研究下一個閒下來的律師給你還是給安迪。接著，我們可以訂定這個月的計畫。

合夥人：你現在有什麼計畫？

你：嗯，我現在還不確定。我想關於這一點，你、史丹和安迪比我知道的多。如果你們需要，我可以寫一份草稿作為目標的雛形，不過我並不知道到最後的目標會變成什麼樣子。

合夥人：但這並不能解決提高收入的問題。

你：暫時還不能解決。不過長期來看，如果人們知道自己應該為之努力的目標，他們可能會更加努力。

合夥人：也許吧。

你：我們怎樣才能做到這一點呢？如果我們告訴史丹和安迪，我們想要考慮一下公司的長遠目標，他們可能認為這麼做是為了讓他們同意你的計畫。

合夥人：嗯。我們可以先……

在實踐中，我首先提出了「資料」（我所觀察到的員工時間分配的問題）和「分析」（關於公司目標的不同意見），然後以此為基礎提出了「方向」。

提供「下一步」行動：為舉行會談提出具體的建議。良好的目標不會自動出現。需要有人組織大家開會，把目標訂定出來。為此，你可以想出一個具體的行動計畫。三位管理合夥人中可能有人對你大膽提出計畫的行動感到不滿。為降低這種風險，你可以幫他們準備一份草稿，並與另一位大家尊重的合夥人討論，以獲得他的建議。如果他同意，你可以準備兩份草稿，一份直接以你的名義寫，另一份模仿他的口氣、以他的名義寫。這份草稿可以這樣寫：

「有一位年輕的夥伴認為我們目前的一些問題源自我們公司缺乏清晰的長遠目標。你們三位一直忙於目前的案件，我相信你們幾乎沒有時間開會訂定清晰的長遠目標。

我願意自告奮勇，承擔起這份責任。我們四個人可以開個會嗎？讓大家討論一下希望公司五年之內取得什麼成績，到那時公司會變成什麼樣？兩年半之後呢？你們想讓公司今年取得什麼成績？鼓勵我們所有人努力為之奮鬥的短期目標又是什麼呢？我可以根據你們的意見撰寫一份草稿，供你們參考。

我問過你們的秘書，你們三個人下週四下午似乎都有空。如果你們認為這個議題值得討論，我就去預訂三十九樓的會議室。

我知道一次討論無法為公司的發展訂定出明確而一致的目標。不過對公司未來的發展方向進行一次私人交談也許可以幫助你們明確自己的目標，更好地解決目前的問題。

如果你們想單獨見面也請告訴我。我只是想提供建議和幫助而已。」

三位資深合夥人不一定能對未來的目標達成一致。不過如果他們把問題挑明，而不是迴避，那麼他們相互和解的可能性要高得多。事實上，討論的結果可能是一部分人離開公司，追求他們感興趣的目標。這是一種明智的決定，因為這樣總比他們委屈地在公司待上好幾年然後在氣憤和沮喪中離職要好。

採取行動：擬定一組目標作為示範。你也可以訂定出一組更好的目標供大家修改。至少，你可以以這份草稿為例，告訴大家公司需要怎樣的目標。不要請求人們接受這份草稿，相反，你應該讓同事們傳閱這份草稿，並請他們修改。他們可能會完善你的草稿，或者提出迥然不同的目標。

事實上，即使你為團隊訂定出了完美的目標，你多半也應該提供一份粗糙的或不完整的草稿，讓其他人對團隊的願景進行完善並從中獲得滿足感。如果你能幫助團隊訂定出更好的目標同時又不招致人們的反感，那麼你完全有理由感到滿意。

改善目標訂定過程，讓每個人參與具體目標的訂定

尋求資料佐證：大家是否對工作目標抱有足夠的熱誠？如果主管認為大家目前對工作很有熱誠，那麼你可能無法說服他們採納某種讓大家更加努力工作的做法。但是你可以引導老闆注意到這個問題，也許你會發現，實際情況跟你想像的不一樣。

你：主管，你覺得大家夠努力工作了嗎？他們對公司目標的投入程度有達到你的預期嗎？

提供你的分析：他人的目標不會像我自己訂定的目標那樣激勵我。如果僅僅追求資料佐證，那麼我們得到的分析結果很可能毫無幫助。大多數情況下，我們認為人們之所以不努力，是因為他們懶惰或偷懶，卻並沒有想過也許是他們接受的任務有問題。

老闆：大家表現還不錯，不過我覺得還可以做得更好。你覺得呢？

你：我在想一個問題，就是人們到底是把我們為之奮鬥的目標看成他們自己的目標呢，還是僅僅看成管理階層的目標？

老闆：這是一個原因，不過我們對此能做什麼呢？如果公司目標能和個人目標結合，當然是最好的，不過我們不能為了迎合個人的需要改變公司的目標。

你：我理解你的想法，當然不能選擇對員工來說比較容易的目標。不過，如果他們能參與目標的訂定，就會對這個目標擁有更強的自主意識。對我來說，如果目標是我參與訂定的，那麼它更能激勵我。

老闆：如果你參與訂定目標，那麼這個目標不就和我最開始設想的目標不一樣了嗎？

提供方向：讓大家參與目標的訂定。你的老闆可能訂定出了一個良好的計畫，讓所有人參與到目標的訂定中。如果不是這樣的話，你可以提前準備一些想法供他參考。

你：我們可以分階段訂定目標。你可以為我們規劃出總體目標，然後讓大家訂定他們下一步的計畫，以實現這個總體目標。

老闆：如果他們為自己訂定相對容易的目標怎麼辦呢？

你：你可以先讓他們訂定目標，然後由你批准。畢竟，你是我們的老闆。你應該讓他們訂定出能夠實現長遠目標的短期目標。這樣的計畫應該沒有問題吧？

上面介紹了幫助團隊在多個時間段建立清晰目標的方法。這種方法並非紙上談兵，的確能解決一些問題，而且有助於團隊解決其他問題。美好的願景是一個團隊前進的基石。

如果你能幫助團隊建立更好的目標，那麼你已經取得了很大的成就，值得慶祝。如果你的團隊已經有了清晰而有用的目標，但團隊合作仍然有些問題，不要擔心，因為還有其他與工作相關的要素。下面我們就來討論這些要素。

04 思考整理術：迅速找到解決問題的方法

有時你有清晰的目標，但是不知如何實現。也有可能你選擇了一種方法，但卻沒辦法達成目標。在這種情況下，你就需要在第二個工作要素——「思考」上下功夫了。

即使在獨自工作時，大多數人也不會有條理地思考，他們左思右想，卻不得其法。在與他人一起工作時，這種思想混亂的現象就更嚴重了，缺乏條理的思考有時會影響重大的商業決策。不過，混亂的集體思考在日常事務的表現也許是最明顯的，因為此時我們不會為問題的嚴重程度分心。以人們籌畫辦公室的聖誕聚會為例。大家的討論可能會漫無邊際，不停地從一個主題跳到另一個主題：

「今年要不要邀請家屬？」

「沒結婚的人怎麼辦？」
「我記得去年吳先生喝醉了。」
「我去年是餓著肚子回家的。」
「人們應該要認識辦公室裡所有的人，不過上了年紀的人卻不是這樣想的。」
「我們不應該把它稱為聖誕派對，因為我們還有猶太同事。」
「我從來都不認識那個都叫別人名字的人。」
「你說那個誰嗎？」
「是那個誰吧？」
「我們什麼時候開派對？」

每個人都知道這種討論效率不高，不過大家仍然持續著這樣的討論。在大多數情況下，只會浪費時間，作出糟糕的決策。

沒有一本書可以解答我們每天在工作中遇到的所有問題，我們每天都要面對新問題，想出新的解決方案。當你和同事一起工作時，他們提供的訊息和思想可以幫助你。如果你忽視他們的想法，打斷他們的話，或者把時間花在不相關的話題上，那麼你並不能從他們身上獲得有益的東西。只有當人們有辦法做到相互協調時，集體思考才能發揮出應有的力量。把你自己的想法釐清本身就不容易，組織眾人有條理地思考就更難了。

在改善眾人的思考方式之前，你需要訓練自己的思考。這一章的第一部分建議你培養一種個人技能，即有條理地思考，始於事實而終於行動。第二部分介紹許多人共同使用這一技能時的情景。最後，我們會介紹如何通過橫向領導方式帶領同事實現這一目標的一些方法。

Step1
培養一項個人技能：有條理地思考

問題 當我們隨意思考時，一個複雜的問題可能會變得完全無從下手

如果你發現自己很難把工作做好，很可能是因為你的思考沒有條理。你並不知道應該從何處開始考慮。你的思緒可能會兜圈子，反覆考慮已經考慮過的問題，還可能會忽略重要的步驟。當你有了一個想法，你很難順著這個想法繼續思考下去。你可能在各種邏輯分析問題上打轉，如計畫、事實、策略、產生困難的原因等，而且你常常不知道自己想要通過思考獲得什麼結果，是理念、評估，還是決策？不僅僅是你，我們每個人都會出現這樣的問題，為什麼我們的思考如此缺乏方向？

在我們上學時，老師教給我們許多問題的解答，但是並不會教我們如何思考。我們大多數人並沒有學過按照一定順序提問的思考組織框架。所

以，我們不得不在沒有好問題的情況下努力尋找答案，就像沒有錘子和鋸子的木匠一樣。

解決方案　運用「輔助工具」進行清晰的思考

為了讓你的思考變得有條理，從而把工作做好，你需要有一組按照邏輯順序排列的問題。在這個框架下，你還需要其他一些工具，以便更好地思考。

系統思考架構　圓餅圖

在團隊中工作時，我們會遇到許多實際問題。此時，你自然想要尋找迅速實用的解決方案。不管你面對的問題是收入下降還是老闆的指令，你往往會從問題的表象直接跳到解決方法上。有的人擁有更加規範的思考框架，他們會進行抽象思考。他們用描述性理論分析這個世界，並訂定一些規範，給未來提供總體指導。我們可以把我們的思考分成具體思考和抽象思考。另一種區分方式是把我們的思考分成對於過去的思考和對於未來的思考。有的人想理解和解釋目前的現象，有的人則願意思考我們心目中的理想以及下一步應該做的事情。

為了表示這些區別，我們可以取出一張紙，分成上下兩部分，上半部是關於原因和總體方法的概念性思考，下半部是關於實際問題的思考。現在把這張圖左右分開，左邊是關於過去的思考，右邊是關於未來的思考。由此得到的四象限圓餅圖將思考區分成了四個基本類別：

↓資料——實際情況或問題

↓分析——導致目前情況的原因分析

↓方向——解決這些問題的一個或多個一般方法

↓下一步——實現某個方法的具體步驟或計畫

如果你想盡量多完成一些任務，那麼這四種思考對你來說都很重要。不要把你的思考侷限在過去或未來，應該把理論和實際聯繫起來，並通過實踐來改善理論。

圓餅圖

系統思考架構以及清晰思考的輔助工具（從左下象限開始）

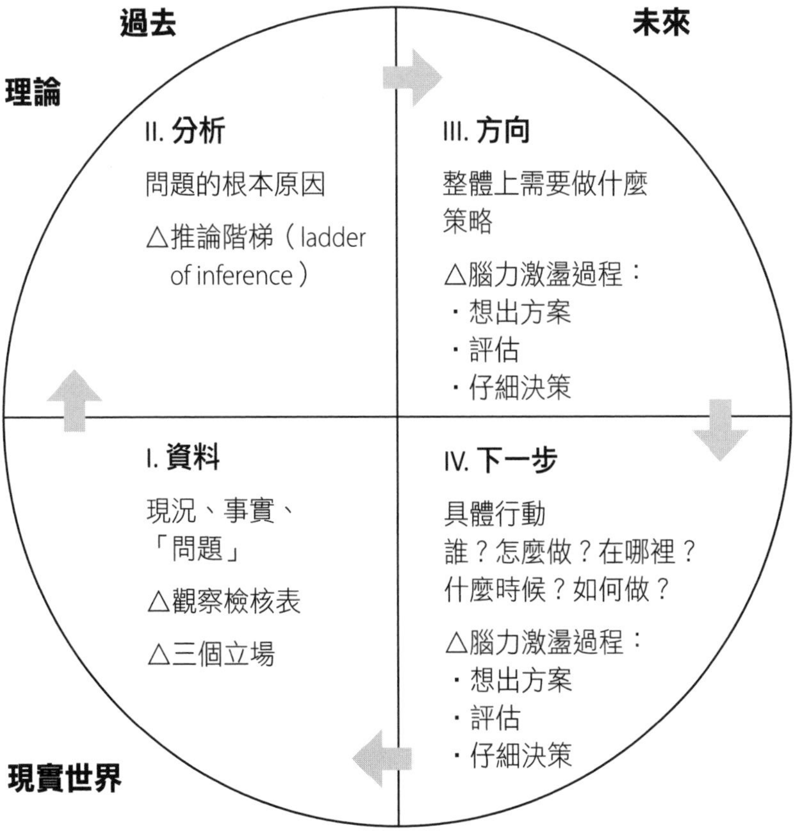

這種分類方式簡單實用，很容易掌握。當你使用圓餅圖時，你就會對思考一個問題時該從何處下手心知肚明——不管是具體工作上的難題還是讓一個團隊有效率合作的問題。

圓餅圖的整體結構很好，它將不同的考慮方向分門別類地列舉出來。此外，還可以使用其他邏輯結構。圓餅圖的優點在於非常通用，而且很簡單，人人都可以使用。你可以用圓餅圖組織你的思想，訂定出紮紮實實的計畫，解決一切工作上的問題。

在圓餅圖的四個象限中，每一個象限都有難以掌握的地方。下面會提供一些有用的想法和工具，以幫助你完成各個象限的思考過程。每個想法或工具都會放在圓餅圖的一個象限中介紹，因為我們更容易記住具有整體結構的一組事物。此外，這些輔助工具同樣適用於其他思考過程。

資料　尋找訂定決策所需要的訊息

不管想完成何種任務，都需要先釐清問題，行動需要以事實為基礎。哪些事實與你努力想要實現的目標有關？眼下需要解決的問題是什麼？

「解決問題」這種說法令人困惑，意味著問題和解決方法是分開的，界限分明。不過，在商業和公共政策領域，大多數問題與解決方法並沒有嚴格的區分。例如產品成本太高、沒有完成業績目標、辦公室裡的員工合作不睦、青少年酒後駕車、兒童營養不良、學生沒有受到良好的教育。

在大部分情況下，你所面對的問題並不像拼圖或填字遊戲那麼簡單，所以你的目標不是尋找一個完美的解決方案，而是做出實實在在的成績，沿著正確的方向前進，如降低產品成本、提高營業額、實現更有效率的合作、減少酒駕、改善營養午餐、提供更好的教育等。

「問題」這個詞語給人的感覺是機器故障了——在問題出現之前一切正常。更好的說法應該是挑戰或機遇。例如，你的工廠產量很高，不過你想讓它變得更好。「問題」僅僅意味著目前的形勢與你能想像到更為理想的形勢之間有差距。

當你收集並研究資料時，你的角色類似於幫感覺不適的病人檢查的醫生。你想更了解病人，有什麼症狀？哪裡疼？之前有過這樣的感覺嗎？最近做什麼特別的事嗎？當醫生收集資料時，他會考慮病人和自己的觀察是否有偏差，並處理相關的資訊。

太多資訊需要處理

我們每時每刻都在面對大量資訊。早在電子通訊技術還未出現時，「資訊超載」這個詞就已經存在了，但無法迴避的事實是，我們只能管中窺豹。一位美國人和妻子相約在墨爾本板球場（Melbourne Cricket Ground）見面，他們要看一場澳式足球（Australian rules football）比賽。丈夫到球場後，發現妻子還沒到，所以他就在容納了三萬名球迷的體育場裡漫步。過了一會兒，他感覺自己在遠處瞥到了妻子一眼，不過由於人實在太多，所以他的妻子眨眼間又消失在人群中。現在他需要做的並不是觀察更多的人，而是如何在人海中找出有用的資訊。你不可能掌握所有有關同事與工作的資訊，關鍵的任務在於找出你想要的東西。

每個人都戴著「有色眼鏡」，選擇那些能夠引起他們注意的資訊。如果不加注意，我們很容易戴上「無意識選擇」的鏡片。通常，這種默認的資訊過濾方式會讓我們漏掉有用的訊息，它們就像魔術師的雙手，把我們的注意力從真正需要做的事情上引開。

你是否偏愛生動的資訊？我們每個人都會對精彩的故事給予過多的關注。具有感染力的資訊往往更吸引人，枯燥的資訊往往被人忽視。當你想要認真工作時，你可能發現自己對某個競爭對手破產的消息非常關心，超過對另一個競爭對手已經上市的改良產品的注意。在工作上，卻鮮少有人會包裝重要的資訊，讓它們變得更加引人注目。

你是否對數字過分重視？「不算數」這種說法隱含著這樣的思想：如果一件事無法用數字衡量，那麼它就是不重要的。我們很容易接受可以被量化為一個數字的訊息：「這個季度營業額增長了兩個百分點。」實際情況並非如此簡單：「有好幾個客戶投訴我們接電話的速度太慢——具體有幾個客戶我已經記不清了。」

你是否認為你所知道的資訊比你所不知道的更加重要？我們常常認為我們所掌握的資訊足以指導我們作出決策。這裡有兩個問題，首先，我們認為我們不知道的事情是不值得去了解的。當我們停止對資訊的搜尋，可能還有一些重要的事情我們沒有發現。其次，我們覺得既然我們已經掌握了資訊，就應該在決策時將它們考慮進去：「如果這些資訊是真實的，它們就和眼前的問題有關係。」

你是否侷限於自己的立場？俄羅斯有句諺語：「每個人都在自己村莊裡的鐘樓上看世界。」我們都知道，批評自己往往比批評別人更加寬容。在成功面前，你覺得自己的貢獻比別人大。在失敗面前，你往往認為自己的責任比別人小。我們在意對自己有利、對他人不利的事情，因此忽略了大量與問題有關的資料。

你的觀察要有目標

你可以對自己說：「我要更加認真地觀察。」不過這麼做收效甚微。即使把所有時間都用來觀察，也不能保證收集到的資訊一定能派上用場。

你可以聚焦於有用的資料。為此，你可以主動改變收集資料的方式。讓我們回到澳式足球比賽的例子，那個美國人感到很沮喪，他幾乎無法在人群中找到妻子，他想起妻子穿著一件綠色上衣，於是開始在人群中尋找穿著綠色上衣的人。雖然球迷人數眾多，但符合條件的只有幾十個。通過篩選特定資料，他很快找到了妻子。收集資料的一種方法就是選擇獨特視角，讓重要資訊顯現出來。就像你可以聚焦於人群中穿著特定顏色服裝的人，也能運用類似的方法處理其他問題。

選擇視角是需要技巧的。如果妻子那天沒有穿綠色上衣，把綠色作為尋找標準只會使情況變得更糟。我們所使用的視角應該要能夠幫助我們突破舊有知識和經驗的侷限，指引我們尋找重要的資訊，不管這些資訊是否枯燥，也不管這些資訊能否量化。此外，不論我們所使用的視角能否突顯有用的資訊，它都不能影響我們蒐集相關資訊。

你需要什麼資訊——檢核表的使用

什麼資訊需要注意取決於你的任務。你可以準備一份檢核表，提醒自己哪些資訊是有用的，哪些是你可能會遇到的，以及你從所有可能遇到的資訊中收集特定資訊所使用的標準。

我們無法為你提供與具體工作相關的檢核表，不過我們認為下面的檢核表可以幫助你檢查與同事的合作方式。

目標——

我們是否訂定了一組在不同的時間段應完成的目標？

思考——

我們是否按照從問題、分析到計畫的順序有條理地思考？

我們是否有用於觀察合作效果的輔助工具？

我們的理論是否與實際情況相符？我們的思考方向是否相同？

學習——

我們是否定期檢討過往經驗，吸取教訓？

我們能否做到在準備、行動、總結之間迅速切換？

專注——

每一項任務都有人負責嗎？

每個團隊成員的責任都具有足夠的挑戰性嗎？

我們是否鼓勵所有人提出自己的想法？

反饋——

我們是否經常將自己的感激和支持表達出來？

我們會根據具體工作問題相互指導嗎？

但不管你的檢查表如何完備，如何鼓舞人心，你所收集的資料都有可能有問題，因為你只有一個人，視野有限，而且具有人類固有的偏見。

如何避免個人偏見？

你可以使用「三個立場」

你可以迴避甚至利用這種偏見。為校正人類固有對自身有利的偏見，你可以站在三個不同的視角或立場上看待重大問題：你自己、對方，以及中立第三者。

第一立場：「我」。你可以問問你自己：我對局面的整體感受如何？在我看來情況如何？從我個人的角度看，我可以獲得哪些資訊？我認為什麼是重要的？

除了觀察外面世界，你也應該對自身進行觀察。你是否感到沮喪、憤怒、心煩意亂？你是否常常過度自信、自私，或者對關心自己感到愧疚？你是否有些根深蒂固的觀念？你是否有偏見？有哪些與職業有關的觀點、經歷或特殊興趣可能導致你忽視一些問題，並過度重視另一些問題？你看待目前的局面時是否戴著「有色眼鏡」、「望遠鏡」或「顯微鏡」？你應該意識到你的立場會對你的觀察結果產生多大的影響。

不要放棄你的觀點，也不要認為自己的觀點是錯誤的。有的人只要看到其他人的觀點可能具有一定的合理性，就會陷入放棄自己觀點的陷阱，你沒有必要認為自己的感覺不如別人。不過，你必須意識到，你自己的觀點是不完整的。你對自身的侷限性認識越深，就會成為越好的觀察者。

第二立場：「他們」。第二個任務是模仿同事的視角。你應該站在他們的立場上，想像他們看到的局面。如果有許多人和你共同工作，你可以找一兩個關鍵人物，試著用他們每個人的視角觀察你們的專案。

想像自己是另一個人，並且對自己提出當你站在第一立場時，所問自己的同樣問題。如果你把自己想像成你的老闆，那麼他在擔心什麼呢？他所使用的標準方法是什麼呢？他是否有偏見？

站在第二立場上，你可以用一種積極的方式利用人類固有的偏見。你仍然偏向於對自己有利，不過此時的「你」只是想像中的角色。你很可能會專注於能讓你的老闆看上去更好的資訊；你仍然會具有自我肯定傾向，但你此時尋找的資料支持的是老闆的觀點。站在這個角度上，你可以更清楚地看到他所重視的資訊，這些資訊你自己可能是看不見的。你不僅可以對你們所處的局面觀察得更加透徹，而且可以更準確地推測他的想法。

「站在對方的角度考慮問題」這件事說起來容易做起來難。不過，有一些技巧非常有效，可以幫助我們更好地理解另一個人對事物的看法：

角色顛倒——

一種方法是向演員學習。你可以想像自己是另外一個人，並試著像他那樣思考和說話。你可以找一個朋友或同事與你閒聊，閒聊時你扮演另一個人的角色，你甚至可以用這種方法把你與他人的談話重新上演一次，由你扮演另一個人，你的朋友扮演你。

推測對方目前可能作出的選擇——

這是理解對方思想的第二種方法，這種方法需要用到筆和紙。你需要站在對方的立場上，考慮他面對你的提議時如何訂定決策，如「我應該同意老吳的建議給當地的管理者更多權限嗎？」然後條列出同意或反對這個建議時他覺得可能會出現的結果。你可能會發現，他完全有理由反對你的建議。當你更加清晰地認識到他對建議可能產生的顧慮時，你就可以修改建議，以獲得他的支持。

這些方法的確需要花費大量的時間和精力，而且這種努力並不總是值得的。你不可能對和你打交道的每個人進行詳細的分析。不過，在許多情況下，如此做是完全值得的。你可能想從老闆或下屬的視角觀察你們之間的關係。當你需要和另一個部門或另一個組織的人共同完成某項任務時，這些方法可能對改善你們的合作方式非常有用。花一點時間去理解對方的觀點，最後你可能會節省許多時間。

第三立場：「看台之上」。你同樣會想了解團隊中普通成員的想法。除了重要關係人，旁觀者對局面的看法也很重要。為此，你可以想像自己坐在戲院包廂裡觀看舞台演出，或者想像自己是一隻「牆上的蒼蠅」，你要努力保持客觀性。當然，你無法做到絕對客觀，不過可以更加接近公正的視角。「回到戲院包廂」這一概念最初是哈佛大學富有創意的思想家、優秀教師羅納德・海菲茲（Ronald Heifetz）所提出，是對後退一步以獲得開闊視野的抽象比喻，比爾・尤瑞（Bill Ury）在《談判的技巧》（*Getting Past No*）中也用到了這一說法。

一個偉大的足球員在場上不僅僅是「踢足球」，他會想像自己站在看台上，俯視整個足球場。他會留心觀察雙方隊員正在做什麼，下一步是什麼，他的視野非常開闊。如果兩眼只盯著皮球，就可能會忽略一些事情。如果想像自己站在看台上，就會注意到更多情況。

這些方法並不能保證讓你觀察到所有相關的資訊。不過，它們能幫助你更好地工作。僅僅收集資料是不夠的，你還需要理解它們的含義，對局面作出解釋，以便訂定下一步的行動計畫。

分析　你應該靜下心來尋找原因，而不是立即對眼前的問題作出反應

分析是解決問題的關鍵步驟

儘管仔細分析問題非常重要，但是我們在實際工作中可能經常異常忙碌，往往會把這個步驟跳過去。面對實際問題時，我們往往會想立即找出

一個解決方案。如果大部分教師參加每週教務會議時都會遲到，校長可能會把會議的開始時間推遲十分鐘來解決。如果一家工廠生產出的汽車品質有缺陷，經理可能會分配更多工人去檢查產品。這些方式可能有效，也可能沒有作用，因為我們並不知道產生這些狀況的原因是什麼。教師為什麼會遲到？汽車為什麼會良率不佳？如果我們不花時間研究導致這些現象的原因，我們可能無法找出解決問題的最佳方案。

成功的分析發揮的作用不可小覷。一九九四年，數百萬難民從盧安達（Rwanda）逃到剛果（Congo），隨後開始大量死亡。好心的救濟官員盡他們所能，將食品發放到了難民手中。幾天以後，這些官員得知，導致盧安達難民死亡的原因不是飢餓，而是霍亂。他們迅速把工作方向從運送食物轉移到建立公廁和衛生供水系統上，從而挽救了無數生命。

準確的分析常常會導致人們採取違反直覺的行動。舉個例子：美玉是一名工程師，她工作的國際建築公司在許多國家設有辦事處，常常要花大量的時間坐飛機到歐洲參加會議。這些會議進展緩慢，消耗了許多時間，因此美玉感到非常沮喪。為了加快速度，她發言時語速很快，用詞簡潔，能不說的盡量不說。歐洲同事們似乎都感到不滿，他們會在美玉發言時皺眉，而且似乎對她說的每一個問題都有疑問。一位美國同事告訴美玉：「這就是歐洲人的行事風格，他們永遠也不著急。」實際上，美玉面對的問題有可能是文化差異導致的；還有一種可能，就是法國和德國的同事之所以不著急，是因為大家在會議上講的是英語，他們想確保自己理解其他人的意思。在這種情況下，如果美玉發言時語速能慢下來，也許反而會加快會議進度。

你應該尋找能夠促成改變的原因。當你分析某個局面時，一定要區分兩種不同的「原因」：你無法改變的原因和你能夠改變的原因。一位醫生告訴病人，他的預期壽命比妻子短，這是由兩個原因造成的：第一，他是男人，妻子是女人；第二，他吸煙，妻子則沒有這個習慣。這個病人無法改變第一個原因，但是可以針對第二個原因採取行動——戒菸。所以，不要對你無法改變的事情嘆息，應該關注你能改變的事情。當你分析時，你應該尋找那些能夠讓你有所行動的原因。

如何對分析進行檢驗？

使用「推論階梯」

分析應以實在的資料為基礎。在實踐中，我們常常會匆忙下結論，你的推斷可能超越了你所擁有的資訊，你的同事可能會根據相同的資訊得出不同的結論。你需要嚴格檢驗你對現有資訊作出的解釋與這些資訊之間的關係。

對我們來說，最危險的思考習慣就是忽略與我們意見相左的資訊。我們每個人在看報紙時都喜歡閱讀與我們的想法相契合的故事，我們往往會跳過那些表明我們錯誤的故事。以反映政治觀點的期刊為例，我們認為在閱讀《國家評論》（*The National Review*）的讀者中，右派保守主義者要多於左派自由主義者，因為前者喜歡閱讀自己支持的觀點，而後者不太願意學習領會與自己意見不同的思想。總的來說，人們喜歡選擇與自己意見一致的雜誌。同樣的選擇原理也發生在辦公室和工廠裡，我們在這些地方工作時，往往只看到自己希望看到的東西。

一旦我們跳上了搖晃的臆測之舟，就很難踏回到堅實的陸地上了。我們很少有人願意意識到自己犯了錯，想避免這種不愉快的感覺，最簡單的方法就是不去理會與我們目前想法不符的資訊。

當你和其他人得出的結論有落差，你可以把你所觀察到的事實與得出的結論之間的關係表示清楚，將你的推理過程呈現在你同事面前。你可以使用「推論階梯」，這個簡單的工具是由組織行為理論家克里斯・阿吉里斯（Chris Arhyris）、羅伯特・帕特南（Robert Putnam）和黛安娜・史密斯（Diana Smith）提出來的。推論階梯可以簡化成三個階段：

↓頂層的「結論」。
↓中層的「推理」。
↓底層的「資料」。

為了檢驗你的推理或與他人分享你的推理，你可以從梯子最下面的「資料」開始往上走。在四象限圖中，你實際上是從第二象限的分析返回到第一象限，檢驗你實際觀察到的「資料」。

資料。資料是你直接觀察到的訊息，即人們的言語和行為，包括我們

結論
頂層階段
推理
中層階段
資料
底層階段

聽到的話語、看到的事情、面部表情等。當然，無論何時，我們都是在從一個非常大的資料庫中提取有限的部分資料。這裡需要提出的問題包括：

↓我正在聚焦於哪些資料？

↓還有其他可以獲取的資訊是我想要的嗎？

↓我漏掉了哪些可以使用的資訊？

如果最開始選取的資料不同，你可能會得出不同的結論。

舉例來說，老闆向你和其他八名員工提議星期六中午用兩個小時的時間在辦公室吃個飯，小聚一下。一個員工吃驚地說：「星期六？」老闆回答道：「是的。星期六聚餐很方便，我們可以好好放鬆，不會有工作上的事情打擾我們。」沒有人對此發表意見，這是你直接觀察到的「資料」。

推理。在推理中，我們需要運用邏輯、演繹和推斷來處理資料。我們會將資料組織成一種模式或一個故事。值得注意的是，同樣的素材往往可以形成不同的故事，正如同樣的幾個詞可以排列成不同的句子。人們可以從相同的資料出發，得出不同的結論。在上面的例子中，老闆可能認為與他意見不一致的員工會將自己的想法說出來；他的員工則可能認為與上司公開唱反調不太好。如果他們衷心贊成一個計畫，會直接表達出來；如果不喜歡一個計畫，只會默默地在心裡抱怨。

結論。結論是我們對觀察到的資料進行推理得到的結果。在上面的例子中，老闆的結論是，除了提出問題的一名員工，剩下的八名員工都同意他的建議。由於他已經回答了這名員工的問題，所以這名員工可能也同意他的想法。

他的員工則可能會得出這樣的結論：沒有人對這個建議表示贊同，說明沒有人支持這個建議，既然老闆的提議引來一片沉默，他一定也意識到了大家的想法。

在這種情況下，雙方的結論都有可能是錯誤的。為了解決這種對於「事實」的分歧——人們對老闆的建議贊同還是反對——你們可以從推論階梯下面的基本觀察資料往上走，對導致不同結論的推理過程進行檢查。你需要回歸基本事實，看一看到底發生了什麼，人們說了什麼、做了什麼，他們是如何說、如何做的。

下面的故事可以說明對資料和推理過程進行檢查的意義。康乃狄克州（Connecticut）有一位銀行家凌晨兩點打了一通電話給正在睡覺的外科醫生。這位銀行家先前曾與這位醫生打過交道，他告訴醫生，他妻子得了急性闌尾炎。銀行家對闌尾炎有些經驗，請求醫生馬上去醫院等他們。醫生聽了銀行家對妻子症狀的描述後，請他給妻子吃幾片阿司匹靈，然後扶她上床睡覺，因為他相信銀行家的妻子並沒有得闌尾炎。銀行家問醫生為何得出這個結論，醫生解釋說：「我七年前就把你妻子的闌尾切除了。一個女人不會有第二條闌尾。」聽到這裡，銀行家說出了他的想法：「是的，醫生，不過有的男人是有第二任妻子的，請到醫院等我們吧。」

推論階梯可以用來提高你分析工作問題的準確度，當你對一個結論沒有把握，你可以回到梯子底部，尋找是否有與這個結論不一致的資料。對於相同的資料，你可以尋找能夠對其進行解釋的不同結論。一旦你找到一個經得起檢驗的結論，你就可以接著往下走了。

方向　想出具有創造性的方法

光是理解還不夠，第一象限和第二象限的思考可以讓你對目前的局面及其原因獲得清晰的理解。到了第三象限，你需要把注意力轉移到前方，為未來訂定一個或多個策略，此時你應該想出一個通用的方法解決目前的問題。你所開出的藥方取決於你對現實的理解，如果你認為病人的頭痛是視力不佳造成的，你就應該讓他配眼鏡。如果你認為孩子們的學習效果不好是缺乏家庭監督、學生不做作業造成的，你就應該考慮如何提高父母在學習上對孩子們的支持。

第三象限的思考不涉及具體計畫。在這個階段，你只需想出可行的策略，對它們進行評估，小心地在這些策略中作出選擇。你應該將你的需求與可用的資源進行對比，並以此為基礎訂定總體計畫。

將思考分成三部分：

產生想法—評估—作出決定

不管是分析時的思考，還是與總體策略或具體計畫相關的思考，我們都可以將思考分成三個結果。

可能的方案——腦力激盪過程（任思考自由馳騁）形成的創造性思想。此時的目標是形成一些想法，著重的是數量而非品質。

評估——評估不同想法的優缺點是與上面完全不同的思考過程。這裡的思考結果是支持或反對特定想法的觀點或對這些想法的價值評估。

決策——第三種的思考形式是作決策。此時你要在可選方案中作出取捨，並對這個決定負起責任——有時，你還可以更改已經做出的決定。這個思考的結果是你所作出的決定。

權衡多個選項，然後作出選擇

我們最常忽視的步驟就是腦力激盪——動動你的腦子，想出用於下一步思考的可能預備方案。為避免漏掉好點子，你應該多儲備些可行方案，儘管隨後你可能就會拋棄許多方案，這種想像過程往往會被傳統的思考和穩健的判斷所阻礙。

舉一個例子：請你拿出一張紙，將你認為對世界最有貢獻的人的名字寫下來。在你寫完以後，其他人可能會看到你的答案，他們會對你的選擇作出評斷。

你還可以採用另一種方案，即先寫出大約二十個優秀候選人的名字，這些候選人應該包含其他人可能作出的選擇，包括音樂家、法官、公司經理、醫生和宗教領袖。此時你的任務是列出一張優秀的清單，以供進一步研究。

上面哪種方法讓你感覺無從下手？哪種方法能幫你找到一個讓人眼前一亮的候選人？

再舉一個例子。如果你的任務是提出明年你度假時最想去的地點，而不是確定一個你想去的地點，那麼關於休假計畫的腦力激盪將比普通的方法更具有創意性。

先產生想法然後再評估的好處在於：這樣更容易得到新穎的想法。即使在獨立思考時，我們也不願意考慮可能被其他人批評或取笑的想法。如果把產生想法視為一個單獨的步驟，我們就更容易放鬆限制，想出各式各樣用於接下來評估的預備方案。我們在進行腦力激盪時更容易抑制住判斷的衝動，因為我們知道後面還有機會評估。即使是一分鐘的獨立思考，也能促使人們產生更多的想法，使行動更為積極，避免人們不假思索下產生的想法佔用大部分討論時間。

幾年前，一家貨運鐵路公司遇到了嚴重的財務困難。管理階層竭盡全力，想要改善公司的業績。他們把工會代表邀請到度假區，想要訂定一些挽救公司的新政策。

他們討論的問題涉及合約中的「用餐和休息」條款。每次他們重新協商合約時，該條款都會引發激烈的爭執。公司的列車需要攜帶大量原料和工業產品穿越北美洲廣闊的大平原。幾十年前，工會贏得了一項權利，員工可以把列車停在一座小鎮上，出去吃一頓熱飯——這項權利在冬天具有不同尋常的意義，因為冬天列車上很冷。此外，工程師們知道管理階層的餐廳配備了技藝精湛的法國廚師。管理階層則擔心耽誤的時間、列車空置的成本以及員工停車的不確定性，會讓他們公司在與沒有這項規定的對手競爭時處於極度不利的地位。

他們決定通過腦力激盪想出一些新的點子。第一個想法是一名工會代表提出的，他說工人在半路上可以不吃飯，但是公司要額外支付工資，管理階層對此強烈抗議。此時由一名工會成員臨時充當的協調者提醒他們，在產生想法的第一階段，大家不可以對這些想法提出批評。接著，管理階層的一名成員提議提前通知一家餐館，讓餐館把便當裝到籃子裡，並派人拿著籃子在車站等候列車到來。一個老工程師說：「我還有一個更好的主意。一輛長長的列車停下來和重新啟動的時間非常之長。為什麼不把籃子掛在桿子上，列車經過時把籃子取下來呢？我們以前就是把便當裝到郵袋裡，用這種方法解決吃飯問題的。」大家都覺得這是種可行方法，可以解決工程師的伙食問題。這時，正在做記錄的秘書發話了：「這些列車能產生許多電能，對吧？足夠使用一台微波爐吧？他們完全可以用這種方法吃到熱飯。」過去，人們只考慮兩個選項——維持或取消「用餐和休息」條款，那時沒有人想過一項新技術的發明可以用於滿足所有人的需求。

你可以想出許多預備方案並充分考慮，這樣你就能知道哪個方案最有意義。接著，你可以對你所看好的想法加以改進。如果發現一個想法有問題，你可以將其捨棄，繼續研究其他想法。當你評估和權衡腦力激盪的結果時，不需要糾結，只需要記錄各個選項的優缺點，並對它們進行比較。

第三種思考形式是作決定。決定是與自己有關的某種約定。「我決定拒絕這份工作。」「我們決定今年夏天去山區度假。」「我決定支持淑惠做這份工作，我覺得她是這份職務的最佳人選。」這些都屬於決定。

如果你的思考具有系統性，那麼決定過程會容易得多，因為你不需要以巨大的未知可能性來判斷一個想法，只需查看你所思考出的選項，從中選出最佳方案。不需要在一個具體想法與無數未知想法之間權衡，只需要在已知選項中作出選擇。除此之外還有一個原因，如果你知道自己在經過一定的實踐後有機會重新對你的決定進行考慮，那麼你的決策過程也會變得更加容易。

下一步 把好的想法轉化為行動計畫

許多人的想法很好，但是他們常常一事無成。訂定良好的決策並不等同於將其付諸實踐。艾倫以前的老闆兼導師拉爾夫・科弗代爾（Ralph Coverdale）過去常常說：「在我決定起床以後，仍然可以在床上躺一整天。」許多有創意的聰明人並不擅長做事，因為他們忽略了把好主意轉化為行動計畫的這個步驟。俗話說得好：「通往地獄的道路是由良好的意圖鋪設的。」因此，你需要將好的想法轉化為「下一步」行動——即目前要做的事情。

你應該將想法付諸實踐。在第四象限，你應該想出一組行動計畫，應具體到足以指導你的行動。《哈佛這樣教談判力》（*Getting to YES*）一書提出了讓建議易於被人接受的好處。在第四象限，你應該把建議轉化成可行的計畫。所謂「可行的計畫」，指的是一組非常清晰的指令，人們在執行這些指令時不會產生疑問，能夠獲得預期的結果。

Step 2

使團隊使用這項技能的願景更加清晰：所有人有條理地「同步思考」

問題　人越多，無組織思考的危害越嚴重

如果你一個人生活，不愛收拾屋子，那麼你在屋子裡做事情時效率可能會較低。不過，你還是很清楚如何在混亂的屋子裡生活。你知道在地板上的哪一堆東西裡最有可能找到你最喜歡的襯衫，你也知道搖控器放在哪兒。如果你和另一個人合住，你們倆都很邋遢，問題就更嚴重了。你們擺放物品的方式會妨礙到對方，你的室友整理房間時會把東西收起來，你可能一連幾個星期都找不到它們。當你獨自工作，混亂的思考是一種障礙。當你與他人共同工作，混亂的思考則是一種災難。隨著人數的增加，組織混亂帶來的影響會像滾雪球般越來越大。

我們的思考都很隨意，而且會朝不同的方向思考

如果我們所有人朝著同一個方向思考，那麼即使我們的思考缺乏系統性，也不會讓結果變得更加混亂。問題是我們擁有不同的思考習慣，或者說思考模式，而通常這些模式並不協調。當一些人研究問題出在哪時，另一個人可能想要馬上拿出解決方案。當有人想出一個好主意，我們不是在其基礎上研究更好的想法，而是指出其中的缺陷。我們基本上不清楚集體思考應該得到什麼結果。我們常常會離題。即使只有兩個人在一起工作，也很難協調兩人的思考。當更多的人聚在一起，雜亂無章的思考得到的結果完全是無法預測的。任何會議都可能演變成「閒聊」，我們不但沒有互相幫助，反而妨礙了對方的思考。

理想狀態 我們使用同一個簡單思考模式有組織地共同思考

如果兩個人相互妨礙，那麼兩個腦袋並不比一個腦袋強。借助於系統

性思考，我們可以將許多人團結起來，實現高效率的合作。在這種思考過程的每個步驟裡，大家都可以分享新鮮的思想、不同的觀點和經歷，從而獲得啟迪。

有了圓餅圖這樣的架構，你就更加胸有成竹了，可以有條理地思考，也有了如何將眾人的思考團結起來的範本。不管你是與另一個人合作，還是與許多人合作，圓餅圖都是一個良好的會議架構。你們的目標是在四個象限的幫助下實現「同步思考」。在每個象限中，你們可以指出何時進行腦力激盪、發想選項，何時對選項進行評估，何時作決定，以進一步規範集體思考。

一個人進行系統性思考的好處同樣適用於團隊。此外，在團隊中，系統性思考還具有其他優點：

↓團隊不會在七嘴八舌的討論中跳過推理的某個重要步驟。相反地人們組織成了一個整體，紮紮實實地共同前進。

↓有條理的共同思考方式為我們提供了一種簡單的分類方法，可以用於將各種思想分門別類，隨後再去篩選。當有人提出突兀的想法，我們並不需要立即在這個新想法與原有想法之間作抉擇。我們可以先把這個新想法記錄下來，隨著思考過程的推進，我們再來考慮到這個想法。

↓系統性思考可以把我們的推理過程清晰地展現出來，使之得到人們的質疑和檢驗。這可以讓我們避免落入群體思考的陷阱——一個群體可能會訂定出糟糕的計畫，因為每個人都覺得其他人一定會仔細考慮這個計畫，或者每個人都擔心對這個計畫提出疑問會讓自己有脫離集體的嫌疑。

↓在系統性思考的幫助下，我們可以找出分歧的原因，而不是通過打壓不同意見達成一致。如果我們知道我們的推理具體從哪裡開始出現分歧，就可以對兩種思路進行研究，選出最佳方案。圓餅圖的思考架構可以幫助我們形成不同觀點，並在它們之間選擇。

讓我們回到籌劃辦公室聚會的例子上來。這個簡單的例子潛藏著無組織思考的所有陷阱，這些陷阱會讓他們忽視最重要的問題。當一個團隊具有良好的思考習慣時，不管他們是在籌劃一個簡單的聚會，還是在討論挽救公司免於破產的方法，都將有幾乎相同的表現。一個團隊同步思考時會是什麼樣的呢？

秀英：好的。讓我們加快速度，以便盡快回去工作。小華，你來做會議記錄好嗎？請把我們的談話要點記錄在白色書寫板上。

小華：當然可以。

秀英：讓我們首先談一談第一象限的「資料」。去年的聚會有哪些值得注意的問題呢？我先說我去年看到許多人很早就離開了。聚會五點鐘開始，到了六點半，一半的人都走了。我沒記錯吧？

小華：是的。這是什麼原因引起的呢？是我們的飲料不夠嗎？還是別的什麼東西不夠了？

老李：我當時在和會計部門的詩涵聊天。她很早就走了，因為她要去接丈夫。

小張：我當時聽到有幾個人說他們想把男朋友、妻子或其他家人帶過來。

秀英：如果沒有人帶家人來，那麼我不認識的那些人是誰？

老李：他們是我們的同事。其中有的人我認識，但是我不記得他們的名字了。說來真讓人慚愧。

小華：等等，我把這條記下來。「不……知道……名字。」好了。

小張：我們並沒有把酒喝完。其實，我們喝酒喝得太多了。林建宏醉得一塌糊塗。

秀英：你為什麼這麼說？

小張：他說話都說不清了，而且走路都搖搖晃晃了。

秀英：有道理。除了他，還有人喝醉嗎？

老李：我沒看到其他人喝醉。

小華：好的。讓我們給第一象限加點內容。還有別的問題嗎？

老李：這次聚會不應該叫聖誕派對，因為我們還有猶太同事。

秀英：算了吧。你太敏感了。

老李：不，不是我敏感。這很重要。

小華：讓我們看看為什麼會有分歧。我會把老李的提議作為一個解決方案寫到第三象限。這個建議聽上去似乎合理，我們會在充分考慮後作出決定。其他象限裡相對應的內容要寫什麼呢？我想分析一欄裡應該這麼寫：如果辦公室聚會的名稱帶有宗教色彩，某些人又不屬於這個宗教，他們會感覺自己受到排擠，這麼寫行吧？

老李：當然可以。

小華：「資料」一欄呢？你聽到有人說自己不舒服嗎？

老李：好像沒有。

小張：不過我們無法肯定他們沒有受傷。我覺得正反兩個方面我們都還沒有資料佐證。

小華：我們可以問問周圍的人，看看是不是真的有這麼一回事。現在暫時假定老李的想法是對的。關於第四象限，我們有更改名稱的具體建議嗎？

老李：「節日派對」怎麼樣？

小華：我們根本不需要名字。別命名了。

秀英：「歲末派對」如何？

小華：這個名字我喜歡。「歲末派對」。我們可以說，我們是在慶祝公司一年來的成功，這次派對是對努力工作的獎勵。

秀英：有人反對嗎？好的。那我們就把名字暫定為「歲末派對」。我們可以把這個名字傳給大家，看看有沒有人反對。讓我們回頭看看第一象限的問題。有人喝醉了。為什麼會這樣？是他向來如此，還是食物不夠了？

略……

作為團隊，我們不需要從頭到尾嚴格遵守四個象限的順序。面對許多問題時，我們可以列出所有問題的資料，然後進行分析，依此類推。我們也可以一次研究一個問題，每個問題按照合理的步驟進行到「下一步」。

我們還可以從解決方案開始，回過頭來研究支持這個方案的分析和資料。我們也可以將所有這些方法結合起來。最重要的是，對於每個問題，我們都要把每個象限中的思考表述清楚——或者說，我們應該找出還有哪些空缺需要填補。

下頁展示了會議開到此時白板上的記錄，對系統性思考進行記錄的一個良好目標就是，任何人中途走進會議室看到這些記錄時都能理解團隊目前的思考狀態。不過，這麼做的主要目的並不在於方便遲到者。我們每個人在被七嘴八舌的討論繞暈或者不小心恍神時，都可以查看會議記錄，看看我們已經得到的結果，好讓我們的思考步入正軌。

同步思考並不能讓每個人擁有相同的思想，甚至無法讓他們意見達成一致。不過，這種方法能幫助我們理解何處產生分歧、為何分歧——這是就具體行動達成一致至關重要的第一步。這種方法能夠幫助我們加快討論速度，就像交通號誌幫助汽車通過擁擠的十字路口一樣。

一 資料	二 分析	三 方向	四 下一步
許多人早早離開	沒有足夠的食物？需要去接家人？	邀請家人？	
慚愧	不知道名字		
至少一個人喝醉了			
	有人對聚會的特定名稱感到冒犯？	改成更具包容性的名稱	節日派對？ 不命名？ 歲末派對

Step 3

如何帶人：
促使他人有條理地思考

當你所在的團隊正在解決問題時，你可以在心裡同時樹立兩個目標：一是幫助團隊做好眼前的工作；二是著眼於未來，改善團隊共同思考的方式。通常，你可以引導同事向系統性思考的理想目標邁進，這件事做起來並不容易，如果你能夠成功做到這一點，回報也是非常豐厚的。

考慮下面的例子：

幾十年前，一家小型英國公司成為了首批大規模製造陶瓷電子零件的公司之一。這家公司堅持最高的品質標準，在材料的精確混合、烤爐的溫度、加熱的時間等非常細心，在業界樹立良好口碑。多年來，這家公司一直遵循相同的製造流程，發展得非常順利。

突然，在幾個月的時間裡，這家公司的形勢急轉直下，客戶的訂單驟減。管理階層急於了解哪裡出了問題，其中一次會議是這樣進行的：

總經理：我一直擔心出現這種問題。生產線人員遲早會變懶，不再遵守生產規程。我們需要投入更多資源，來確保我們的工人遵守生產標準。

產品經理：好的，我會努力的，不過……我想我們需要考慮一下我們的價格是不是有問題，我們的員工工資非常高。

財務經理：我同意，我想我們對工會太慷慨了，我們可以重新協商協議嗎？

總經理：我們的協議為期三年，很快就會重新協商了。

行銷經理：恕我直言，我覺得問題不在產品上。其他公司的營銷預算比我們多，他們拜訪客戶的業務比我們多，這就是他們能搶走我們營業額的原因。我們需要增加業務人員。

總工程師：如果這個行業的利潤持續下降，也許我們不應該繼續投資了。我們應該把能夠節省的資源節省下來，向其他領域擴展。這項技術正在過時，我們的客戶很可能正在改用其他類型的零件。我們應該改變生產結構，生產不同的產品。

總經理：我已經聽了你們的意見，現在我想讓你們支持我的決定。我們要像以前那樣，通過堅持行業內最嚴格的產品品質標準，讓我們的產品重新奪回市場位置。我希望下星期一之前訂定出改善產品生產標準的計畫。

假如你是總工程師的助手，你的老闆帶著你參加了會議。你怎樣改善這個團隊的思考方式呢？請把這本書暫時放下來，思考一會兒，你應該怎麼說呢？

你很難讓別人對他們的思考方式進行思考

讓人們改變習慣總是很難，說服同事採用新的思考模式尤其困難。涉及思考方式時，指揮別人做事引起的抵抗往往特別強烈。「你可以改善你的思考方式」聽起來很像「你很愚蠢」或「你有病」。

此外，當人們面對一個具體問題，他們可能會把注意力全部放在這個具體問題上。你很難讓他們後退一步，審視他們研究問題的方式，而不是問題本身。更糟糕的是，對思考進行思考這件事聽起來比較抽象，可能會讓人感到困惑。如果你讓人們一起思考他們的一起思考方式，那麼他們幾乎都會感到困惑。想像你在電子零件公司的會議上建議你的上司主管們審視他們的思考方式：

市場經理：……這就是他們能搶走我們營業額的原因。我們需要增加業務人員。

你：恕我冒昧，我覺得我們現在的思考方式比較混亂。我們應該有條理地思考，從資料到分析，再到方——

總經理：你到底在說什麼？

你：嗯，先生，我想說的是，我們應該首先研究我們如何思考營業額下降這個問題的方式。我們剛才只是從一個想法跳到另一個想法上，對哪個想法都沒有進行充分研究。這樣吧，讓我們對我們的思考過程進行系統性思考。當我們使用對具體問題現有的資料進行討論的方式時，你們觀察到了哪些資料？

總工程師：你到底是什麼意思？是不是在學管理方面的課程？

你：我們需要先分析問題，然後決定如何行動。

財務經理：讓我們接著談工會訂定的薪資等級……

你很難用抽象的理論說服你的同事。分享與我們談論方式有相關的資料是非常困難的。

你自己要先進行系統性思考

你需要首先想清楚自己應該做什麼，而不是試圖臨時向大家傳授系統性思考方法。你可以先進行最簡單的分析：你的同事沒有聽說過任何有組織的思考方式，不知道這樣做帶來的好處。對於這個原因，可能的解決方案有：

↓我們可以接受關於系統性思考的正規培訓。

↓老闆可以發給每個人一本介紹系統思考的書，讓他們自己閱讀。

↓主管可以下達一條明確的指令，讓所有下屬開始系統性思考。

或者：

↓在大家討論時，某個人可以提出一個問題或建議，促使大家進入系統性思考的具體步驟。

在最後一個方案中，你可以獨自行動，不需要依靠其他人的力量，因此你可以把這個方案作為出發點。

讓大家一起使用上述「思考工具」

想讓一個團隊了解系統性思考方式，最簡單的方法就是引導他們有序地討論目前的問題。系統性思考方式威力無窮，大多數人很快就會看到它的好處。

有一次，一位年輕的法律學者受邀到波士頓房產事務法庭與一群公益訴訟律師討論問題。他引導大家使用圓餅圖分析問題，結果他們訂定出了一個計畫，用於請求議會改變流程。這次會議結束時，女主持人說：「謝謝你對房產事務法庭問題給予的幫助。順便問一句，你所使用的這張圖，有相關的書面材料嗎？」

如果你只是有計畫地提出引導性問題，那麼你在團隊中的位置不僅不會阻礙行動，反而會很有幫助。你也許沒有對其他人發號施令的權威，不過你完全有資格向周圍更年長、更聰明的人請教問題。

尋求資料。如果你覺得你的同事沒有收集到關於目前局面的重要資料時，你可以向他們尋求資料，讓他們將事實補充完整。

市場經理：……這就是他們能搶走我們營業額的原因。我們需要增加業務人員。

你：打擾一下，我想我沒有那麼多的經驗，無法理解你說的是什麼意思。關於客戶不再向我們訂貨這一點，他們到底說了什麼？

總經理：問得好。誰和他們聊過天？

市場經理：開完會我就打給我在這幾家客戶公司的朋友。

你：我很想知道他們是否還在買我們生產的這種電極，如果還有的話，他們是在哪兒買的呢？

市場經理：是啊，如果他們是從別的地方購買這些產品，我們需要知道價錢，他們出的價錢可能會低一些，因為這些地方的人工成本比較低。

你：我們還需要知道別的什麼事情嗎？我會努力尋找答案的。

尋求分析。如果你向他人請教，那麼他們不會感到你在暗中批評他們不知道答案。如果你能主動尋找答案，那麼在其他人看來，你不僅提出了問題，而且提供了部分解決方案。你必須保證別人不會因為答案很難尋找就放棄一個優秀的問題。你可以引導他人對問題進行分析，而不是馬上訂定解決方案。這件事很容易做到。

市場經理：我打給格拉斯哥（Glasgow）的窗口了，他說他們以更低的價格從一家美國公司那裡購買電極。

你：我不明白為什麼他們能把價格定得比我們低。他們在哪些方面和我們做得不一樣？

財務經理：他們一定是在人力成本上佔有優勢。我們需要跟工會談談，要求他們讓步……

你：這個解釋很有道理，不過可能還有別的原因。我覺得他們在其他方面可能還有和我們不一樣的地方。

財務經理：比如說？

你：我不知道。他們的價格比我們便宜多少？

市場經理：不到我們的一半。

產品經理：我們的人工成本只佔產品價格的三分之一左右。

財務經理：也許他們的原料便宜。

產品經理：還有可能是他們控制產品品質的成本比較低。

你在提出問題時，並不需要親自回答這個問題。

分析是非常關鍵的一步。在上面的例子中，這家公司通過深入調查，發現美國的競爭對手並沒有對生產過程進行非常嚴格的控制，因此他們的裝配工廠成本非常低，而且他們生產的電極在客戶那裡也可以正常使用。

在許多情況下，準確的分析可以讓我們知道如何改進。在上面的例子中，這家公司決定減少控制生產過程的開銷，此時仍然有許多問題。想做出改變，將想法轉化成具體的「下一步」行動也許是最重要的一步。人們常常開會討論問題，進行腦力激盪，對他們的想法進行評估，而當會議結束時，他們往往不知道下次會議何時召開，下次會議之前應該完成哪些任務，誰來完成這些任務。我們在哪些方面節省成本不會影響產品品質呢？在精確的溫度監測嗎？在原材料成本嗎？

一旦度過危機，你就可以鼓勵人們思考最初問題是如何產生的。和以前一樣，你只需要提出問題就可以了。我們為什麼會在產品品質標準方面投入過多的資源？我們的思考方式出了什麼問題？為什麼我們沒有從一開始就作出更明智的選擇？

你也可以在提出問題的同時在白色書寫板上寫下幾個關鍵標題，這樣你就能在幫助團隊對眼前問題進行系統性思考的同時宣傳系統性思考的優勢。例如，你可以這樣寫：

資料	分析	方向	下一步
（問題）	（可能的原因）	（可能的解決方案）	（接下來的步驟）

「在下次會議之前，我們應該對哪些問題進行研究呢？」

有序的思考方式非常有用，它不僅能幫助你完成個人工作，而且能幫助你改善與他人合作時的工作方式，能讓你對共同思考的理想狀態獲得清晰的認識，而且能指導你們更好地達到這一理想狀態。

05

計畫修正術：不斷修正計畫，使其趨於完美

思考是沒有止境的。你可以改善你的思考能力，但是不管你的思考多麼有條理，方向多麼明確，你的思想都不可能達到完美狀態。我們在思考時會對現實世界進行簡化，以便更好地理解和想像實際問題。這些簡化的模型必然存在缺陷。總會有一些重要的因素是你不知道的，而且你根本無法預知你對現實的理解存在哪些漏洞。你無法知道有多少因素是你不知道的。

因此，學習永遠是有必要的。你需要檢測你的思考，將你的預測與實際情況進行比對。問題不在於檢查你的想法是否有缺陷——你的想法一定是有缺陷的——而在於檢查哪些地方有缺陷。如果你想把工作做好，就必須深入了解你的任務。工作的第三個基本要素就是「學習」——把思想運用到實踐中，以改善你的想法。最基本的技能就是將思考與行動相結合。

將思考與行動結合起來為什麼這麼難呢？工作上的學習與大多數人在學校裡的學習並不一樣。在學校裡，我們學習事實、公式和理論。在大多數情況下，我們不會學習到如何做事，這兩者是完全不同的概念。此外，對於大多數人而言，教育意味著學習或者重建其他人已經知道的東西。除非到了撰寫博士論文的階段，大多數學生從未接受過解決新問題的任務。

要想幫助他人改善在工作中共同學習的能力，你首先要養成在工作中學習的習慣，包括你獨自工作的情形。要提高學習能力，你首先要理解目前阻礙你學習的因素。

Step 1 培養一項個人技能：在工作中不斷學習

問題 基於錯誤的假設來計畫，而基於錯誤的計畫而行動

人們有時沒有經過充分的系統性思考就開始行動，有時卻思考有餘，行動不足。有時我們認為應該先訂定出「正確」的計畫，然後才能按照計畫工作。寫書的人喜歡在撰寫正文前反覆修改提綱。（我們寫這本書時，先是寫下了許多建議，然後才在實踐中親自檢驗這些建議。）當我們有了好的想法，可以嘗試的時候，我們往往還在不停收集新的資訊，產生新的想法。有時我們為了對兩種不同做法的優缺點進行權衡而苦苦思索，花費了很多時間，其實我們完全可以用這些時間把兩種方法都嘗試一遍。

當你準備採取行動，可能為時已晚。其他人已出版類似書籍；股價已經上漲，或者下跌了；房子已經賣出去了；空缺的職位已經被人佔了。

推遲行動最大的問題絕非錯過好時機，推遲行動會影響工作品質，因

為我們在完成工作之前沒有機會去學習如何改善工作方法。有時我們根據對事實的推測訂定計畫，結果卻發現這些推測是錯誤的，即使還有修改的機會，之前的所有工作也都白費了。

一九四七年，一個歐洲人逃難到美國。他是富有的企業家，想開始一個新事業留給孩子們。基於他是工業材料方面的專家，決定開發一種新型膠水，用在其他膠水無法使用的地方。經過多年的努力，他開發出了一種理想的膠水。這種膠水攜帶方便、乾燥時間短、防水、絕緣性好。他把配方製作出來以後立即進行大規模生產，很快賣出了大量膠水。幾個月後，他才收到第一份問題報告。這種膠水其他方面都很好，但是黏著性很差。

我們常常難以開展行動，一旦做起事來常常也會感覺困難重重，這是怎麼回事呢？

原因　你把思考和行動分開了

一個深層原因在於我們把對一個問題的思考和行動分開了。在我們的工作中，計畫的訂定與實施在時間、地點以及參與的人員等方面常常是相互隔離的。我們先是通過思考訂定出計畫，然後通過行動把工作做完。這樣一來，思考和行動的品質都會受到影響。

思考需要靠行動來提供新的資料，行動需要不斷依靠新的思考來修改方向。思考與行動分隔的時間越長，效果就越差。如果一個人只思考不實踐，那麼他的思考效率會越來越低。

你等到計畫雕琢得非常完美時才開始行動

我們擔心把事情「做錯」，因此等到計畫臻至完美時才開始行動。由於做任何事情都有出錯的風險，所以我們會把這種風險盡量往後推。

在某種程度上，這是教育的問題。下至小學，上至商學院，大多數學校都在教導學生解決一個個獨立的問題。老師知道問題的答案，學生則需要把這些答案找出來，這種「封閉式」問題只有一個答案，我們需要不停地努力，直到把答案找出來為止，我們的目標是找到正確的答案，拿到完美的分數。

不過，現實生活並非如此。我們面對的挑戰都是開放式問題，沒有完美的答案——如空氣污染、安全、教育、高效率生產、人力資源管理等問題。我們需要採取行動，改善局面，使我們進步。不過，由於我們受過教育，因此希望訂定出最好的計畫。我們不停地努力，希望通過訂定出越來越好的方案來「解決」開放式問題——但是在這個過程中，我們並沒有採取任何行動。

如果目標選得好，那麼堅持不懈是一種優點。不過，當我們訂定計畫時，我們的目標並不是高品質的計畫，而是高品質的工作。無休止地訂定計畫並不能實現這個目標。

一旦開始工作，你就不再考慮如何改善工作方式

實踐是一個優秀的老師，但它只接收肯花時間學習的學生。當我們開始為某項任務而工作，我們常常會選擇一個「行得通」的方法，直直走到盡頭，在工作中往往不會根據具體情況考慮如何更好地工作。

你沒有考慮在工作過程中改變方法。當你投入到一項工作中，你會比

之前更加了解這份工作。我們通常所遵循的計畫是在我們對工作不太了解的情況下訂定出來的。我們有時會認為計畫是神聖的，並且一字不差地去執行，即使對於我們自己訂定的計畫也是如此。有一次，我決定星期天回老家休息，因為只有那天才能訂到運送私家車的渡船。後來，我女兒說周末想用我的車，我同意了，因為我覺得在海灘用不著汽車。結果我還是等到星期天才坐公共運輸回老家，浪費了半個星期的時間，而這僅僅是因為我之前作出了星期天動身的決定。

和停下來規劃新的方案相比，遵循原有的方案看上去更加容易。短期來看，也許事實的確如此。不過，長期來看，如果你花點時間根據發生變化的局面檢查一下你的計畫，你很可能會更快地實現目標，甚至能更好地實現目標。

如果計畫是其他人訂定的，我們就更不可能提出疑問了。因為如果計畫的執行效果不好，那也是別人的問題。羅傑曾看到一名建築工人將一棵美麗的橡樹砍倒，感到非常吃驚，這名工人不想找設計師把房屋的建造位置移動一下，但是設計師在設計房屋時並不知道那棵橡樹的實際位置。人們的做法常常很像那支著名的〈輕騎兵衝鋒〉（*The Charge Of The Light*

Brigade，編按：為英國十九世紀詩人丁尼生〔Alfred Tennyson〕所作，敘述克里米亞戰爭中指揮官下錯指令，前方機會渺茫，輕騎兵仍舊毅然往敵軍衝）：

沒有人回答，
沒有人提問，
他們只是遵守命令，然後壯烈犧牲……

在某些組織中，「命令」取代了人們的思考，甚至取代了常識：「我接到的命令不是這樣的，所以我不會這麼做。」

如果你不觀察正在發生的情況，並與你的預期進行對比，那麼你就不會獲得新的資訊，也就無法修改計畫。我們常常無法及時在失敗中檢討過往經驗，吸取教訓，將其運用到當前的工作中。

你沒有為未來累積經驗。有時你不能及時吸取教訓並立即運用到工作中：你覺得雞蛋放在一個籃子裡是安全的，結果它們打碎了；你忘記徵求大家的意見，結果把孩子們喜歡的家具賣掉了；你覺得客戶會喜歡你的介紹，但他們實際上並不喜歡。這類事情一直在發生。

你無法改變過去，但是你可以從中吸取教訓。對於下一籃雞蛋，你可以採取不同的擺放策略。不過，我們常常沒有做到為了未來而學習，讓過去的事情就這麼過去了。

對我們來說，工作檢討常常排在次要位置。回顧過去的好處要到未來的某個時間才能體現出來，目前還有更加緊急的事情需要處理。報社記者剛剛趕在截稿之前完成一篇報導，馬上又開始為下一個任務做準備。和大多數人一樣，他們很少會去檢討他們所使用的方法是否有改進的空間。

當我們真的花時間檢討了，卻常常沒有善用這些時間。檢討往往變成批鬥大會或頒獎大會，沒有人關心如何改進。艾倫曾在一家陷入困境的職業體育俱樂部做顧問。他注意到隊員們對賽後舉行的團隊會議並不熱心。他問隊員為什麼會這樣，隊員們說，如果比賽取得了勝利，那麼開會只是形式而已，基本上是在浪費時間。如果比賽輸了，經理也只會嚴厲批評那些負有責任的隊員。在這兩種情形中，集體會議都無法讓他們受益。

當然，表揚努力工作的人們是有用的，這樣可以讓他們獲得滿足感，從而心甘情願地繼續努力。不過，表揚本身並不能提高他們的技能或改善他們未來的表現。你在學校裡收穫最大的時刻很可能並不是拿到成績單的時候，而是老師把你單獨叫到一邊，告訴你試卷或實驗有哪些需要改進的時候。

目標　將思考與行動相結合

如果你想從實踐中學到更多東西、完成更多工作，你需要做什麼呢？首先是重新考慮下面這個老生常談的話題：如何在花時間思考與花時間行動二者之間作出選擇？這種權衡會讓人產生錯覺。與花更多的時間進行思考相比，採取行動通常會幫助你更好地思考。

我們其實可以把思想和行動結合起來，而不是將思考和行動視為分開進行的不同活動。你應該讓你的行動緊密地跟隨清晰嚴密的思考，通過有系統地提供實實在在的新鮮資料，你可以充實自己的系統性思考。當然，這些新鮮資料來自你將思想運用到實踐時對實際情況的觀察。

一家滑雪設備商店的經營遇到了問題：店員幫助每位顧客選購合適的

設備並通過收銀台的過程需要花費大量的時間。這家商店的經理想解決這個問題。假如她用一個小時的時間進行嚴格的系統性思考，她會想出一些辦法。如果連續思考十個小時，她可能會想出更多辦法，但這些辦法不太可能達到原來的十倍。要是她先思考一個小時，然後用一個小時來實驗她剛剛的那些想法，然後再花一個小時改善原來的想法或研究新的想法，那麼她這三個小時的思考和行動可能比十個小時的單純思考效果還要好。

儘早行動

稍微花點時間訂定計畫當然是有用的，有效的準備工作可以為行動打下良好的基礎，有了這個基礎，你在行動中就可以堅持有效的方法，改善無效的方法。一位偉大的廚師可以設計出一道新的美味佳餚，不過，如果他沒有記錄食譜，他可能會在幾個星期之後忘記這道菜的做法。對於更加複雜的工作，良好的準備工作應當包含一份書面計畫，上面記錄了你們的工作內容和一些預期結果。這份計畫可以包含未來計畫的初稿，也可以包含你們在工作中應當注意的事項。

不過，計畫永遠不可能達到完美狀態。你永遠也不可能知道是否會有比你目前選擇的行動方案更好的方案。你總是可以繼續等待，做更多的研究，總是會有人給你提供更多的建議。你需要作出決定：我應該繼續訂定計畫還是開始採取行動？你已經知道，我們總是喜歡一直等下去，直到計畫趨於完美，所以通常來說，最好的建議就是「不要等待」。不要把思考看做可以獨立產生最終結果的單一步驟。你面對任何問題時，都應該儘早檢驗自己的推測、想法、計畫。

不要在計畫和行動之間作出選擇。最明智的做法通常不是在訂定計畫和開始工作之間作出選擇，而是將二者結合在一起。開始工作並不意味著計畫停止了，計畫和行動之間應該可以隨時切換，二者應當具有相互促進的關係。在大多數情況下，開始行動的好處勝過推遲行動先潤色計畫的好處。想改善計畫，最好的方法就是在實踐中檢驗，至少是小規模檢驗。先導計畫、試鑽、試車、在模型和模擬的幫助下工作，這些都是適時採取行動、通過實際經驗改善計畫的方法。

風險是什麼？當你覺得將想法付諸實踐有風險，並為此感到猶豫時，你應該問自己：「採取行動與不採取行動、保持原狀相比，哪個問題更嚴重？」

一家大型電子公司的人事經理想要取消一項按照工作成果支付工資的方案。在這類方案中，員工會計算如何操作能讓自己在保持產量不變的同時獲得最多的獎金。不過，這位人事經理並不想用單調的日薪取代目前的工資制度。儘管目前的制度無法令人滿意，但他還是擔心該制度取消後工人會放鬆下來，導致產量下降。

接著，人事經理想，如果不作出改變，會發生什麼情況？根據最近幾年的經驗判斷，公司向員工支付的工資還會繼續上漲，產量卻不會上升。他覺得放任不管的風險大於試驗新制度的風險，所以他決定作出改變，看看結果如何，如果需要，他隨時可以改回來。

在有些情況下，在邁出第一步之前，你必須訂定出萬無一失的完美計畫。在確定降落傘處於最佳狀態之前，你並不想從飛機上跳下去。不過，即便在這個例子中，我們也會發現，某些「行動」在很早以前就開始了。聰明的人在製作降落傘時，不會一直趴在桌子上訂定計畫，他們會畫出草圖，製作降落傘模型，在橋樑和高塔上用重物進行試驗。音樂劇的製作人也會在百老匯舉行試演。

本書的大部分觀點也是通過這種方式形成的，在本書出版之前，我們在為專業人員開設的講習班上介紹了書中的思想，以檢驗它們對這些從業人員是否有用。根據反饋，我們對本書作出了改動。只要開始行動，我們就一定會獲得有用的資訊，從而訂定出更好的計畫。

及時檢討

該行動的時候就應該停止思考，立即動手；該思考的時候就應該立即放下手裡的工具，想想你正在做什麼，你是怎麼做的。我們可能會想當然地認為應該在任務結束時進行檢討：學生的成績是在學期末評定的；投資銀行家在完成一次大型併購以後才會聚在一起評估他們的表現。實際上，經常檢討是有好處的。不管你是否獲得很大的進展，你都可以停下來，總結並改善你的方法。為什麼要等待呢？

我們可能認為完成某項工作以後，可以設計出比之前更好的方法，不過可能沒有注意到，即使工作只進行了一半，我們一樣可以設計出更好的方法。只要有可能，你應該及時檢討自己的表現並從中受益，這才是明智的做法。

一旦你開始行動，你就會把注意力集中到工作細節上，很容易失去對全局的掌控。你可能對工作中的某些複雜問題非常投入，花費了過多的時間。在這本書的寫作過程中，艾倫曾抽空去修理他的汽車，他花了半個小時把一個螺絲釘安裝到引擎上很難安裝的一個位置，然後說：「如果我能在開始的五分鐘退一步想想，就可以做得更好。」

你可以準備一份問題清單，幫助你檢討，你可能會發現這份清單很有用。例如，你可以列出下面的問題：

總結清單——

哪些方法看上去比較有用？

我可以在哪些地方改變做法？

獲得了哪些建議？

適用於目前的工作嗎？

可以用於未來的工作嗎？

如果你對工作過程記得比較清楚，那麼檢討的效果可能會更好。假如你在工作過程中停下來檢討，那麼你就會更重視這個總結，因為得到的結論可能馬上就會用到工作中。任務一旦結束，我們往往會把這個任務完全拋到腦後，轉而研究其他問題。

作者此前在哈佛法學院為期五天的培訓班上向實習律師和其他專業人員傳授談判技巧。教師團隊由年輕學者和學生組成，需要協助學員組成不同的小組進行討論。教師團隊對每天晚上的檢討非常在意，因為他們急於改善第二天的表現。到了星期五下午，他們又都浮躁起來，想要盡快結束檢討，出去喝一杯。對他們來說，每個星期最大的收穫來自中期總結。

按照計畫完成工作與花時間思考更好的工作方法之間永遠矛盾，我們必須在二者之間作出平衡，能掌握好這個平衡的個人和團隊少之又少，大部分個人和團隊都應該投入更多的時間檢討，以改善他們的表現。

「經驗」是一位程度很好的老師，但是它無法單獨授課。據說當醫生開始解剖屍體，知道自己可以何時正確診斷、病人何時死於其他疾病，醫學才算是有比較大的進步。如果你能認真審視自己犯下的錯誤或取得的成功，那麼你會過得更好。通過檢討已經完成的項目，你既可以獎勵他人，也可以知道未來如何做得更好——後者比前者更加重要。

按照「準備—行動—總結」的順序工作。為了結合思考和行動，並保持二者的平衡，你在工作中可以不斷重複這個簡單的模式：

準備→行動→總結→準備……

我們可以延伸上一節的圓餅圖，單獨來看，圓餅圖描述的僅僅是思考而已，不涉及行動。圓餅圖首尾相接，因此不包含前進的概念。實際上，你不需要反覆繞圈子，只要知道前進的方法，就應該投入行動中。左頁的「正弦曲線圖」描述的就是這種情形。波浪線下方表示行動，我們實施計畫、試驗想法、進行實際工作：如製造汽車、為病人看病、收割莊稼、達成協議等。波浪線上方表示思考，思考我們的工作：分析問題原因、開會訂定計畫、檢討工作表現、在工作過程中修改計畫等。

圓餅圖的延伸：正弦曲線

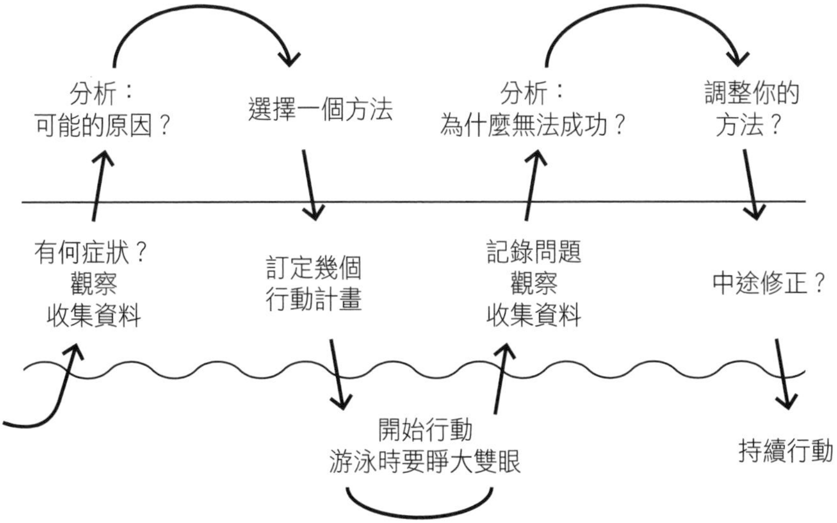
分析：
可能的原因？
選擇一個方法
分析：
為什麼無法成功？
調整你的
方法？
有何症狀？
觀察
收集資料
訂定幾個
行動計畫
記錄問題
觀察
收集資料
中途修正？
開始行動
游泳時要睜大雙眼
持續行動

這張圖表顯示，當你沿著正弦曲線往下走時，你會不斷地跳入行動的「海洋」中（游泳時要睜大雙眼），然後浮出水面，迎接思想的「陽光」——同時，你也在不斷地向著目標邁進。

不斷重複這個循環。每次總結過後，你都要準備下一步的工作。每次檢討都會產生新的資訊，有了這些資訊，你就可以投入到新的工作中，訂定新的計畫並付諸實踐。

準備、行動和總結是在工作中學習的重要階段，如果你不斷重複這三個階段，它們會發揮出更大的力量。通過重複這個過程，你可以：

避免訂定決策時陷入停滯狀態——按照上述短期循環進行工作，無須一開始就把準備工作做到位。你可以在工作過程中修改計畫，因此不太可能在訂定計畫時卡住。

迅速接受新資訊——如果時常抬頭看看目標，確認是否有更進一步，那麼你不太可能在錯誤的方向上越走越遠。

把精力投入到最有效率的地方，

而不是在收效甚微的地方埋頭苦幹——

你不需要浪費時間追求完美，有了這份自信，你就可以行動起來，迅速取得進展。

Step 2

使團隊使用這項技能的願景更加清晰：一起準備和檢討

問題 人越多，越難從實踐中學習

「陽光軟體」

一九九六年夏天，美國一家大型軟體公司的執行委員會為整個公司精心訂定了一九九七年的計畫。這項計畫規定了哪些產品將中止，哪些產品要修改，哪些產品將獲得特別市場預算的支持。這項計畫獲得最高管理階層的批准，下達給公司分布在全球所有的辦公室和分支機構。

執行委員會的成員都是公司中能力卓越、資歷深厚、工作嚴謹的管理者，不過他們訂定的計畫卻讓其他人大跌眼鏡。日本的辦公室認為這項計畫與當地市場嚴重脫節，其他分支機構的人也對這項計畫不滿意。不過，命令就是命令。公司裡努力工作的普通員工和管理人員一邊努力實現這項計畫，一邊努力根據現實對計畫作出自己的解釋，一邊尋找這項計畫在他們地區行不通的理由。一個年輕的市場經理詢問他的上司：「我們應該怎麼做呢？」

「習慣吧，」他的上司回答道，「這種事情一直在發生。」

一些人訂定計畫，另一些人執行計畫

任何組織都有可能會發生這種情況：一些人專門負責訂定計畫，另外一些人負責實施。組織的規模越大，計畫訂定者和執行者的有效距離就越遠。因此，訂定計畫的人常常無法收到反饋，也就無法發現他們的想法出現狀況。

假設產品企劃部接到了訂定計畫的命令。他們把計畫訂定出來以後，提交給公司高層。管理階層決定執行，於是計畫傳達到「執行者」即各個生產部門那裡。思考的人僅僅是思考，執行的人僅僅是執行，兩個群體並沒有相互交流經驗。執行者不知道計畫背後的思想，既不知道他們是否可以對計畫進行調整，也不知道他們可以對計畫作出怎樣的調整。計畫訂定者則沒有機會修改計畫，以解決執行過程中遇到的困難。

有人想完善計畫，有人想立即行動

在任何群體中，總是有人想花更多的時間進行思考，等到他們相信計畫能夠產生「正確的結果」時才開始行動。通常，一、兩個謹慎小心的人就足以耽誤整個團隊。類似地，總是有人希望「不顧一切地前進」，由於他們的存在，別人很難停下來檢討。

總結總是拖延到沒人關心的時候才開始

人們通常認為實實在在地做事比停下來討論重要得多。因此，人們往往不會在有機會作出改變的時候檢討。此外，專案完成以後的檢討常常拖延到寫專案報告或年度總結的時候，此時人們早已把這個專案拋到了九霄雲外。這類總結很少會集體參與，大家通常指派一個人撰寫檢討報告。通常，報告的宗旨並不是檢討經驗、吸取教訓、為未來訂定指導方針，而是讓團隊的表現看上去更出色，這類回顧對團隊來說基本上沒有教育意義。

我們很少檢討合作方式

即使停下來回顧專案，我們也可能只在意工作本身。我們不太可能檢討團隊一起工作的方式，或者努力改善我們的合作。如果不是特別注意，我們不會考慮無法相互協調的原因以及能從經驗中學到什麼。如果團隊合作的方法有問題，那麼即使我們找到了解決具體問題的方法，下次也還會犯同樣的錯誤。具體工作上的問題常常是由我們合作方式引起的。

在上面的例子中，如果軟體公司不解決分公司與執行委員會之間缺乏資訊交流的問題，那麼修改具體計畫能達到的作用不會很大。通過檢討具體計畫，他們可能會知道哪些產品今年在日本會有不錯的表現。不過，這樣做並沒有消除問題的根源。他們明年可能會在另一家分公司遇到相同的問題。

我們似乎永遠都有更加重要的事情要做，沒有時間為改善合作方式訂定計畫。不過，正如一家大型化學製造廠老闆所言：「我們在實踐中明白了這樣一個道理：我們在共同工作方式、決策方式的思考上以及改善合作方式的研究上花費的時間越多，得到的回報就越大。」

理想狀態 大家都努力將思考與行動相結合

上述做法能讓你更好地工作。如果你能讓整個公司裡的人接受這些做法，那麼大家都會受益。你的理想目標是：組織裡的每個人都理解在計畫得到完善之前開始行動的價值，以及隨時停下來查看局面發展狀況和團隊合作情況的價值：每個人都可以隨時提議著手進行某些工作，以便獲得經驗；每個人都可以隨時提議停下來一起回顧。我們共同在經驗中學習，每個人學到的東西都能讓其他人受益。

我們掌握工作的方法——訂定計畫、付諸實施、並進行檢討

我們在工作中需要完成具體的任務。對我們的具體工作方式進行觀察和檢討的一個主要目標就是研究如何更快或更好地完成具體任務。

波音的工程師在設計製造首批波音七三七時度過了一段艱難的歲月。經過充分檢討，他們把這段過程中犯下的錯誤和走過的冤枉路寫成了一本厚厚的書。後來，所有製造首批波音七六七的設計師都研究了這本書，結

果他們的工作效率大大提高，工期也大為縮短。

我們一起工作的方式——訂定計畫、付諸實踐、並進行檢討

我們還想從行動中了解合作的情況。我們的合作順利嗎？我們可以通過哪些方法改善我們目前和未來的合作？當我們一起回顧時，我們也需要觀察和了解我們一起檢討的效果。理想狀態下，我們應該定期認真檢討。

當然，大多數政府機關、大學和公司都不是這樣運轉的。一旦你意識到獨自工作時在行動中學習的重要性，你就同樣能意識到與他人合作時在行動中學習的重要性。不過，如果你看一看大部分組織在這方面的表現，你可能會大吃一驚。

「陽光軟體」踏上正途

公司吸取了「一九九六計畫」的慘痛教訓。執行委員會從某些區域經理的口中得知：一方面，總部的計畫在他們那裡無法實施；另一方面，他們又沒有機會對計畫作出改變，因此這些人陷入兩難的境地，感到非常鬱

悶。為此，委員會單獨安排出一天時間，專門用來研究問題出在哪裡。他們不僅研究了具體問題，而且研究了引發這些問題的工作方法——後者更加重要。

到了為一九九八年訂定計畫的時候，執行委員會準備了一份「計畫草案」——他們改變了去年的工作流程。來自全球各個辦公室的代表受邀參加了一次大型會議，根據他們的經驗對計畫草案提出修改意見。人們先是分小組討論，然後把意見匯整到一起討論。大家都很努力，會議每天開到很晚才結束。總的來說，大家工作得很開心，因為有人傾聽他們的意見，他們有機會在計畫的訂定過程中將自己的經驗拿出來分享。通過改善計畫的訂定過程，公司訂定出的計畫與之前相比有了很大進步。新的計畫更加靈活，考慮到了各地市場的具體情況，並為具有類似需求的分公司提供了溝通管道。

Step 3

如何帶人：幫助你的同事從經驗中學習

這一節的第一部分研究了將思考和行動相結合的個人技能以及如何改善這種技能。第二部分介紹了團隊合作的理想狀態：團隊通過「準備、行動、檢討」的循環不斷學習——這是你的努力方向。現在我們的問題是如何「帶領」同事（包括你自己）實現這一目標。當你與他人一起工作，如何使用橫向領導技巧讓所有人將思考與行動結合起來？

「陽光軟體」的執行委員會改變了做法。他們檢討了公司的表現，設計出新的方法並迅速付諸實踐，而且他們還安排時間總結了新方法的初次實踐。這種改變是如何發生的呢？主動站出來指出問題的人是誰？他說了什麼？假設你是軟體公司分部一個有經驗的員工，想讓委員會檢討經驗、吸取教訓，你應該做什麼？

委員會可能更加著重於任務本身（主打哪些產品、如何促銷），而不是完成任務的過程（他們應如何作出選擇），後者很可能具有更大的改進空間。幸運的是，如果完成任務的過程得到改進，人們往往能更好地完成任務。假如你能讓大家養成習慣，經常檢查團隊的工作方式並不斷作出改善，那麼團隊就會獲得內在動力，不斷重複「準備—行動—檢討」的工作過程。

提供資料　大家在學習中遇到的問題

當一九九七年的計畫下傳達給各個分部時，執行委員會需要獲得關於該計畫執行情況和計畫訂定過程對員工影響的真實資料。此時，你應該站在自己的位置對這些情況進行觀察，並詢問別人注意到了什麼，也許你不問別人，別人還會不高興。

私下向你認識的人提問時，你應該留心觀察那些能夠將你的想法推翻的「資料」。你既要尋找這項計畫的優點，也要研究是否存在其他更好的做法。此外，你應該根據其他人的想法糾正自己的偏見。

收集到資料後，你就可以將這些資訊提供給能夠有效利用它們的人。高層管理者常常無法了解到基層的困難，因為基層員工擔心反映問題會受到批評。所以，訂定計畫的人無法收到能夠幫助他們作出改善的資訊。為解決這個問題，你可以私下將這些資訊提供給一個特別的人，這個人可以思考如何處理這些資訊，不用擔心受到批評。

尊敬的＿＿＿＿，

我寫這封信給您，是因為您是執行委員會的成員。我想和您分享一些與公司計畫實際執行情況有關的狀況，這些資訊有的是我實際觀察到的，有的是我從同事那裡收集的。您的視野比我開闊，能夠更好地理解這些訊息，您可以決定是否將這些實際情況轉達給委員會的其他成員。如果您想對公司明年的計畫作出修改，我希望這些資訊可以幫助到您。

首先，我注意到……

如果你把投訴交給委員會，那麼每個人都會這樣想：「我是站在朋友們立場支持這份投訴呢，還是為我們訂定計畫時所做的努力和艱難取捨進行辯護？」不難想像，委員會成員很有可能會為自己辯護，將一切問題推給分公司。

上述方法的好處在於，它為這位委員會成員提供了另一種選擇：「我是否應該把這些資訊轉達給我的朋友，以便在情況進一步惡化之前及時採取行動呢？如果我們能讓情況有所好轉，我和朋友們就可能受到表揚，所以我應該利用這些資訊。」

提供分析——我們並沒有幫助他人學習

執行委員會顯然沒有意識到他們的計畫中有一些不切實際的內容，這一問題的責任主要在於知道實際情況卻沒有向上面匯報的各地工作人員，而不是一直蒙在鼓裡的委員會成員。為解決這一溝通問題，你可以在兩個方面努力。

你可以把你對問題的分析告訴辦公室裡的同事：「我覺得他們訂定的計畫與我們的實際情況不協調的原因在於我們沒有把實際情況詳細告訴他

們。這也是問題的一部分，對吧？」你也可以把類似的分析傳達給總部。

當你對成功的原因或問題的原因進行分析時，你應該尋找與計畫的訂定過程有關的原因。

提供方向——建議大家分享自己的經歷

另一種方法是向處於更佳位置、能夠改變局面的人提出建議。在前面的例子中，分公司老闆告訴市場經理，區域辦公室出現的問題是委員會的錯誤所造成，對此他們無能為力。為了鼓勵老闆採取比較積極的方法，這位市場經理應該說什麼呢？

老闆：習慣吧，這種事情一直都在發生。

冠廷：這麼說你以前也經歷過這種事情？

老闆：每年都這樣。我以前常常向他們抱怨，但他們從不回應。

冠廷：也就是說，告訴他們作出改變是沒有用的。也許我們可以換一種方法，讓局面有所改變。

老闆：我們能做什麼呢？

冠廷：他們訂定計畫時從不考慮我們的情況，對吧？我想這是因為他們不知道我們的具體情況。而他們之所以不知道我們的情況，有兩種可能：一是他們不問我們，二是我們不主動告訴他們。也許我們無法讓他們作出改變，但是我們可以改變我們的做法。

老闆：我怎麼知道他們需要什麼資訊？

冠廷：問得好，我也不敢完全肯定，不過我們至少可以把我們認為重要的資訊提供給他們，問問他們這些資訊是否有用。

老闆：他們不會改變的，因為要作出改變，他們就得先承認自己犯了錯誤。他們是不會這麼做的。

冠廷：我想你是對的，他們不會希望受到批評，所以會盡力保全自己。我們可以這麼說：「這是很重要的資訊，很抱歉，我們之前沒有把這些資訊傳達給你們。」這樣就不會讓他們背上責任。如果只有我們的辦公室向他們提供資訊，那麼我們即使承擔起這份責任，也不會受到批評。

老闆：你的說法也許是可行的。不過我為什麼要這麼做呢？他們是執行委員會的委員，是訂定計畫的人，我沒有義務為他們工作。

冠廷：你當然沒有這個義務。不過如果能通過一點努力來改善公司的計畫訂定過程，就可能獲得你想要的資源，來滿足客戶的需求，這樣你就能過得更舒服。至於具體建議，我覺得應該由你來訂定，想如何作決定，你自己比我更清楚。

你向別人提供方向時，一定要說清楚，你並不是在向他們發布命令。你應該站在旁觀者的角度向他們描繪可能的圖景，供他們選擇，就像內閣官員提出建議供總統選擇一樣。

採取一些行動

你可以主動草擬一份報告，總結各地定期向總部提交的報告，看一看各個地區沒有向總部提供資訊的做法是不是造成執行委員會不了解各地實際情況以及一九九七年的計畫（還有一九九八年的計畫草案）脫離現實的原因。

最後，當你努力想讓同事採取更好的做法時，必須牢記：你可能不會立即成功，你也會犯錯誤，你可能會激怒一些同事。簡而言之，你會發現你所嘗試的一些方法效果並不好。面對失敗，你很容易會認為這是一項無法完成的任務。這時，你應該檢討過往經驗、吸取教訓。你可以仔細分析你的行為，看一看哪裡出了問題。當你再次努力，你應該作出一些調整。通過實踐和檢討，你的努力會越來越有成效。

06 認同管理術：提供每個人挑戰的規則

當你環顧辦公室，你會發現有的同事比其他同事更有衝勁。你可能會想：「這是很正常的事情。我們很早就聽過螞蟻和蚱蜢的故事。有的人工作很努力，有的人則不那麼用心。我並不能改變這一點。」這種觀點有一定的道理：所有的教練都知道，有的運動員訓練時比其他運動員更加刻苦；工廠廠長知道有的工人比別人更勤奮；公司總裁知道有的經理比其他經理更有衝勁。

不過，你可能忽略了一件事，有的人的確在工作上比別人更加努力，但你也要看到，每個人都有自己的高峰期和低潮期。在合適的條件下，每個人都會變得更有效率。

艾倫曾經參加過一家英國啤酒廠舉行的會議，管理人員希望在會議上對公司的培訓計畫作出評估和改進。會議由總經理主持，效果非常糟糕。

大家討論起來沒完沒了，而且並沒有取得什麼實際成果。當總經理因為要參加下一場會議而被迫離開會場，他把主持會議的任務交給了產品總監。結果，在產品總監的領導下，會議進行得非常順利，很快就結束了。聽了這個故事，你可能會對產品總監的出色領導表示慶幸。不過，真正的問題是：既然他知道怎麼做，為什麼不早點幫忙呢？

平心而論，我們必須承認，在很多情況下，我們自己也沒有把精力充分投入到工作中。你一定有過在會議上一言不發、閉目養神的經驗，如果有人問你上一位發言者說了什麼，你可能回答不上來，你可能發現自己恍神了。和大多數人一樣，你會有幾天或幾個星期的時間對你所參與的專案漠不關心。

想知道如何鼓勵他人為團隊的共同事業投入更多精力，你應該先問自己兩個問題：一是為什麼你不能更加努力地工作，二是對此你能做什麼。

Step 1

培養一項個人技能：讓你的工作充滿趣味與挑戰

想讓你的團隊更好地工作，你自己必須先做得更好。當你改善了自己的工作技能，你就可以更好地幫助他人改善工作技能。你自己的工作積極度越高，你就越有資格幫助他人提高工作積極度。

問題　你有時對工作缺乏熱情

如果你總是能充分發揮自己的潛力，當然再好不過了。這樣團隊就能完成更多任務，人們也會認為你很能幹、工作認真。不過，激勵自己並不比激勵他人更加容易。所以，你必須認真對待這個問題。

為了更好地激勵你自己，你首先要研究導致你心不在焉的原因。

分析

你對工作的理解限制了你的努力程度

對於我們所做的工作，每個人都有自己的理解。現在請你在腦海中想像你在工作中的樣子。如果讓你為這張假想的圖片下一個標題，你想寫什麼呢？這個由圖片和標題組成的「框架」就是你對你所做工作的理解，描述了你的工作內容，暗示了你能做什麼，不能做什麼。在某種程度上，這個「框架」是由你在公司裡的工作職責決定的。此外，你對工作還會有自己的看法，通常這些看法會影響你的工作熱情。

「我不想把我的人生浪費在這種事情上」

你之所以工作三心二意，可能是因為你不喜歡這份工作：你可能希望獲得另一個職位；你可能厭倦了你曾經喜歡的工作；你可能想更改職業。你對自己說，這並不是你應該做的事情，於是你鬆懈下來。你不想把一份工作當成終身職業，這本身並沒有問題，不過，你常常把這種想法當成藉口。你可以尋找另一份工作，但是你不能對手邊的工作敷衍了事。

「這份工作無法發揮我的才能」

我們很難對沒有挑戰性的工作產生興趣，工作當然有可能是枯燥乏味的。如果你的工作僅僅是重複勞動，你甚至可能會討厭這份工作。假如你的工作機器人也能做，你可能覺得你在別人眼裡並不比機器人強多少。

如果你接受了一份不需要太多知識的工作，那麼你很可能會討厭這份工作，就像十幾歲的孩子不喜歡嬰幼兒的玩具一樣。不過，沒有人反對你為集體作出更多的貢獻。除了你分配到的任務，為什麼不承擔一些具有挑戰性的工作呢？短期來看，僅僅完成主管交待的任務的確比較簡單，不過長期來看，你的工作責任會越來越少，工作能力也會越來越弱。

「我做的事情一點兒也不重要」

但是僅僅具有挑戰性還不夠。如果你的工作不重要，你就不會願意投入很多的精力。假如一個人撰寫的備忘錄只會被束之高閣，他在工作時就很難傾力以赴。假如他的備忘錄將在下次董事會上宣讀，他一定會非常努力地撰寫備忘錄。所以，如果你覺得你的工作沒有意義，你就不太可能積極工作。

解決方案　重新定義你的工作，使之具有挑戰性，從而對你產生吸引力

不管你工作不用心的原因是什麼，你都不應該等待他人來鼓勵你，你應該自己鼓勵自己。在實踐中，要養成習慣，不管做什麼事情都應該全心投入，當你全神貫注地工作，即使這種狀態只能持續很短的時間，你也會獲得更高的工作效率和成就感。這並不是命令自己投入工作的問題，你的意願不是命令出來的。不過，你可以通過做事來改變你的意願。

你對工作的理解可能會影響你的工作熱情，換一種理解方式，你可能又會備受鼓舞。下面是一些對於工作的看法，你可以看看是否適合你。

把對工作的目標變小一點

一位剛從大學畢業的年輕女生有著出眾的文筆，夢想成為小說家。為了生計，她找了一份撰寫廣告文案的工作。一天晚上，她向叔叔抱怨說，她的個人績效評估出來了，結果非常不理想。「不過誰在意這些事呢？我並不想把我的人生浪費在說服人們購買更多洗衣粉這類事情上。」她說。

「如果你這樣想，」她的叔叔回答道，「那麼他們對你的表現不滿意也就很正常了，你一定也對你的表現不滿意。你曾經說你預計至少在這家公司待幾個月，在這段時間裡，你可以學習如何使語言產生強烈的效果。你可以學習什麼樣的廣告效果好，什麼樣的不好，哪些詞語能震撼人心，哪些平淡乏味。如果你每天有幾個小時沉浸在工作中，就會更喜歡這份工作。既然你選擇了這份工作，就應該竭盡全力把事情做好。」

這位年輕的大學生並不需要將目前的工作視為一生的職業，不過，她開始學著認真對待目前的工作。通過改變思考方式，她讓這份工作變得更加具有吸引力。

你不應該問自己：「這是我一生的職業嗎？」你應該問自己：「我是否應該在接下來的一個小時裡做點別的事情？」如果你回答「是」，你就應該去做你想做的事情。如果你回答「不是」，你就應該全力投入到眼前的工作中。你並不需要把所有的時間都花在這份工作上，也不需要把餘生全部奉獻給這份工作。不過，工作時，如果你能投入更多的精力，你就能獲得更多收穫，你也會更加喜歡這份工作。

目標越大，越難實現。你可以將目標分解開，一步一步完成。例如，你可以下定決心，將當天的工作或下一個小時的工作做好。

尋找機會充分發揮你的能力

從事沒有創造性的工作是一件令人沮喪的事情，也許你的工作交給機器人來做也能做好。不過，你並不是機器人，你完全可以做一些工作要求以外的事情。

羅傑的父親華特・費雪（Walter Fisher）曾向羅傑講述過他成為律師之前在一家管線供應商工作的故事。華特的工作是檢查裝在桶中的鑄鐵彎頭和鑄鐵三通，將有缺陷的彎頭和三通挑出來。他覺得這份工作很無聊，所以決定根據缺陷類型將不合格的零件分類。在分類過程中，華特注意到大多數缺陷都位於零件的彎曲部位，因此他用最快的速度把該做的工作做完，然後跑去查看製造零件的機器。之後，他向主管提出了重新設計鑄模的建議。

可惜的是，他的老闆經過計算，發現更改鑄模的成本比請人分揀瑕疵品的成本還要高。隨後，華特將業餘時間用在了另一項具有挑戰性的任務上，即尋找一份更好的工作很快就離開了管線公司。在那之前，他仍然在盡力讓這份缺乏專業技術的單調工作變得更加具有挑戰性，為雇主帶來更多收益。即使一個十幾歲的孩子手邊只有嬰幼兒玩具，他也可以研究為何某些玩具比其他玩具更加有趣。

不是每一份工作的效率和趣味性都能夠提高——有時清道夫能做的僅僅是打掃而已。不過，即使是打掃，我們也可以有所作為。

花時間為集體作出更多的貢獻——即使這並不是你的分內工作。要提高你的工作積極度，一個辦法就是幫助同事解決某個問題，這是一個全新的挑戰，可能會提高你的影響力。你可以接受一個新的任務，可能讓你更加投入、更有效率。提高個人技能的最好辦法就是幫助別人改善他們的技能，你可以主動將你的部分技能傳授給一位缺乏經驗的同事。德州的一位鋼鐵工人每個星期用一個晚上的時間和來自中國的新移民同事相處。這名工人一邊幫助同事提高英語程度，一邊幫他學習機器的具體操作方法，也聽同事講述發生在中國小鎮的有趣生活故事。

將無人過問的工作當成你的工作。小高在一家教師交流中心工作。教員們會將準備好的資料提交給機構，供其他教員使用。多年來，該機構的工作僅僅是將資料副本郵寄給有需要的教師。小高絞盡腦汁想著如何提高中心的效率，在和上司溝通以後，他積極蒐集資料，鼓勵教師準備新的教材，以滿足人們的需求。他製作並發送了教材目錄，而且在批發商那裡購買了當地教師撰寫的書籍，然後放在服務處以低廉的價格出售。他將不同科目的書籍分門別類，而且訂定了市場策略。此外，他還把資料搬到了網路上。在小高的帶領下，機構成功實現了轉虧為盈。他很快被任命為中心主任。現在他已經被調到了其他地方，從事更有挑戰性的工作。

每份工作都有需要完成的任務。不過，大部分工作職責說明並不會限制工作內容。通常來說，讓一份工作更有挑戰性，最簡單的方法就是將你力所能及、對集體有好處、對你自己也有好處的事情納入你的工作範圍。

你可能擔心觸及工作範圍以外的事情會惹上麻煩，插手其他人的事務的確有風險，不過僅僅埋頭於自己的工作風險更大。波士頓有位年輕的女子希望成為心理醫生，在一家精神病院的兒童組當老師。她照顧的孩子們經常不守規矩，負責兒童組的兩名心理醫生卻整天待在辦公室裡做文案工作，只有她在外面維持秩序，讓吵鬧的孩子們平靜下來。心理醫生們說，處理這類問題不是他們的職責。後來，這家醫院併入了一家大型醫學服務公司，公司想要裁員。醫院的新主管巡視兒童組時，發現年輕的教師正在勇敢地制止孩子們的暴力行為，而兩名心理醫生仍然坐在辦公室裡，於是主管走進辦公室，宣布這兩個心理醫生被解雇了。

假設你是部門經理，需要裁員兩成的人。此時，你需要決定員工的去留。你是想辭掉眼裡有工作的人呢，還是只做分內工作的人？對於員工來說，哪種做法更安全呢？

Step 2

使團隊使用這項技能的願景更加清晰：每個人充分投入到工作中

你有時會有點鬆懈，你也會看到其他人鬆懈下來，這些人可能是少數覺得自己受到排擠的人，也可能是整個部門或者工廠裡的所有工人。

在決定如何鼓勵他人投入工作前，你需要研究人們為何不專心工作。

問題

在一起工作的人越多，人們不專心工作的風險就越大

當你一個人工作，你會遇到無法專注於工作的問題。當許多人一起工作，問題就更大了。此時人們不用心的原因有些和你獨自工作時的原因相同：工作沒有挑戰性，或者工作效果好壞看上去並不重要。此外，由於人們在群體中的緊迫感不是很強，所以人們一起工作時還會出現新的問題。

有人覺得自己受到了冷落

「投入」一詞有兩種含義。它可以指參與某種活動，也可以指專注於一個目標、任務或想法時的情緒狀態，這兩種含義是緊密相連的。不管是打仗還是粉刷牆壁，當一個人和別人共同參與一項活動，往往會專注於活動中。但如果在一個活動中受到冷落，尤其是在一個有趣或重要的活動中受到冷落，人們的工作熱情則會下降。

想調動人們的積極性，最重要的就是讓他們自己訂定工作計畫。你之所以感到沮喪，有個重要原因就是覺得失去對局面的掌控，執行他人的具體命令很少會像自由行事那樣給人帶來滿足感。如果人們只能遵守命令，不能自由發揮，那麼他們在工作中不會有很強的責任心。他們會想：「讓老闆去操心吧。」缺乏責任感會導致人們表現不佳，而後者又會導致他們更加討厭自己的工作。

我們把責任推給別人

在集體中工作與獨自工作的區別在於，面對一項任務時，集體中的每個人都在等著其他人完成這個任務。在群體中，最常見的一個問題就是個人責任感不強。群體中的人越多，每個人的責任感就越小。每個人只管自己的庭院，都覺得其他工作自會有人處理。

醫學研究顯示，當心臟病發作時，如果身邊只有另外一個人，那麼活下來的可能性是最高的。如果心臟病發的人周圍人很多，那麼每個人可能都會等著別人伸出援手，他們會覺得別人更有資格幫忙。當只有一個人在場，這個人別無選擇，只能自己動手。組織裡的情況也一樣，如果每個人都袖手旁觀，等著別人去行動，整個團隊就會停滯不前。

為避免這種情況，團隊會把不同的任務分派給不同的人。不幸的是，我們分配任務的方式本身也會產生許多問題。

我們分配工作的方式很糟糕

任務的分配常常是隨意的。一個經理意識到他需要追蹤一些逾期的應收款項。正當他考慮這件事時，有一個下屬來到他的辦公室匯報工作，你不難猜測這份差事會落到誰的頭上。

這種分配任務的方式可能並不是完全沒有規律的。實際上，人們無意中使用了這樣的標準——「當問題產生時，把它交給你身旁的人解決。」——

一旦我們把這條標準表述出來，我們就會發現它不太可能是最好的任務分配方式。類似地，我們常常會使用一些有問題的標準：

- 把任務交給工作最努力的人。
- 把工作交給抱怨最少的人。
- 把需要在辦公室裡完成的工作交給最願意待在辦公室裡的人，把跑腿的工作交給最不願意待在辦公室裡的人。

這些標準對集體和個人都是有害的，它們無法指導你有效分配任務，因為既不會提高團隊的效率，也不會把任務分配給最合適的人。相反地，它們會引發一些不利於合作的行為，如對新任務的抱怨和抵制。抵制新任務的人可能會暫時過得很舒服，不過從長期來看，他們卻失去了拓展技能和證明自己的機會。

另一個常見的標準「把每個任務分配給最擅長這個任務的人」聽起來不錯，實際上也會產生問題。按照這個標準，一個能力很強的人可能會接到過多的任務。在我們所熟悉的某家學術機構裡，有個副主任就是這樣的人。他是一位很有才華的作家和教師，在他的專業領域裡，世界上沒有幾個人能力比他好。不過，他常常被叫去處理別的事情，因為他是辦公室裡最擅長處理電腦、記帳、與大學管理部門溝通的人。其他人也能處理這些事情，只是不像他那麼優秀。他在行政工作上的表現太好了，因此他並沒有太多時間處理他所擅長的最重要的任務。而這種情況之所以會出現，原因就是我們在團隊中分配任務的方式有問題。

理想狀態 每個人或幾乎每個人都充分投入到工作中

在理想狀態下，團隊中的每個人都能充分發揮出自己的潛力。每個人都會認為自己的工作既重要又有趣，都可以發揮所有能力把工作做好。我們可能無法做到讓所有人都完全投入到工作中，不過至少應該看一看哪些做法能讓人們更加專注於工作。那麼哪些做法有助於我們向著這一理想目標邁進呢？

盡量向每個人提供具有吸引力的角色

讓別人專心工作比讓你自己專心工作更加困難，組織一個團隊的關鍵，在於如何安排工作能在整體上提高每個人對工作的滿意度。

我們都很關心工作的潛在價值。人們對工作的投入程度取決於這份工作的潛在價值。首先，我們應該知道一份工作包含哪些潛在價值。

尊重——

同事對我們的看法會影響我們對自己的看法。如果每個人都認為自己的工作能夠贏得別人的尊重，那麼我們會變得更加快樂，工作也會更加努力。

自主性——

如果我們能夠自由選擇工作方法，我們就會對工作產生更強的自主意識，從而更加努力工作。

影響——

我們想知道自己的努力是有效果的。如果能看到、觸碰到、測量、計算出我們的勞動成果，我們會獲得更大的滿足。

你應該努力為人們提供具有潛在價值的工作。一個人之所以與團隊保持距離，通常是因為他感覺自己無法為團隊作出貢獻，或者團隊不需要他的貢獻。他的冷淡態度反過來又會導致其他人更加忽視他的存在。領導者（或者橫向領導者）需要解決的一個問題就是找出這種人所擅長的事情，並向團隊提議設置一份能夠用到這種能力的職位。

一位來自西非的軍事參謀長參加了哈佛法學院的談判課程，他非常善於調動每位同學在課堂討論會上積極發言。老師們感到非常吃驚，問他是怎麼做到的，這位軍事參謀長說：「如果我手下有一個士兵不做事，而且戰友們都不喜歡他，團隊的前進速度就會慢下來，士氣也會受到影響。這時，我會為這個士兵尋找一份特殊的職位。如果他跑得快，我就會讓他把重要的訊息送到前方的郵局去。如果他是音樂家，我就會提醒大家，我們需要為即將到來的國慶日創作一首歌曲。當大家看到一個人為團隊作出貢獻，他們就會對他更加友好。很快地，這個士兵就會融入到集體中。在課堂上，我會觀察人們的一舉一動，尋找他們感興趣的話題。當我發現那些不愛說話的同學對目前的話題產生興趣時，我就會請他們發言。」

不是只有正式的領導者才能想辦法讓孤立的團隊成員重新融入集體。將軍在自己的軍隊中擁有領導權威，但他在課堂上沒有任何權力。不過，他還是成功地讓不太活躍的同學在課堂上貢獻出自己的一份力量。

幾乎每個人都有一定的專長，你不需要為了讓人們感受到自己的重要性而讓他們去做一些浪費時間和資源的事情。通常，你只需要動動腦筋，尋找一些適合「新人」去做、而且符合團隊利益的事情。實際上，我們很容易想出一些值得尊重的、有趣的任務，讓人們貢獻出自己的力量。（本書的每一章節都包含了這方面的思想。）

為每個人提供發表意見的機會

你可以請大家一起訂定目標、思考、在實踐中學習，假如你讀過前面幾節，那麼這個建議對你來說並不陌生。不過，我在這裡還要強調一遍：如果每個人都能參與到思考中，思考的品質就會得到改善，越多點子，越有可能在其中找到一個好的。此外，假如每個人都有發表意見的機會，那麼每個人都會感到自己受到了尊重、都會知道自己的思想是有價值的。如果他們在工作中需要用到自己的能力，尤其是思考和判斷的能力，那麼更有可能盡最大的努力去工作。

如果人們參與了目標的訂定，那麼他們就會努力實現這些目標。一個目標訂定出來以後，參與訂定目標的人很少會認為這個目標不合理。如果一個人參與了計畫的訂定，他就會努力實現這個計畫。如果團隊的全體成員共同參與了檢討以往表現、訂定改革計畫的會議，那麼他們更有可能接受新的工作方案。本書提出的訂定目標、系統性思考以及在實踐中學習的建議，最大的特點就是讓每個人都有發表意見的機會——當然，最終決策還是要由領導者來決定。

一家英國職業足球俱樂部的教練通過檢討，發現隊員們沒有認真重視比賽，他們對對手風格的變化反應很慢，在這之中，球隊的王牌球星最需要改變觀念。這位球星在比賽中的主要目標是多進球，對於戰術、傳球以及支援隊友防守等方面並不關心，只關心個人統計數據的好壞，並不在意球隊的輸贏。

教練決定讓這位球星和其他隊員更加用心地準備比賽。第二天下午，他把隊員們帶到訓練場地，將他們分成幾個小組，每個小組發一顆足球，然後讓他們自己訂定訓練計畫。隊員們很不情願地接受他的命令，球星的反應很冷淡，但他也和三四個隊員組成了一個小組，開始訓練起來。幾分鐘以後，教練發現隊員們已經完全投入到了新的訓練中。就連「不聽話」的球星也表現出了極大的熱情，他不時提出建議，鼓勵隊員們努力訓練。在接下來的比賽中，這位球星表現出了很強的團隊精神，同時仍然保持著出色的進球能力。

大家共同承擔分配工作的責任

為了讓每個人全力以赴地投入工作，你可以讓大家共同參與工作的分配過程。這樣一來，沒有人會僅僅考慮自己的職責，每個人都是團隊的一部分，大家會共同努力把所有工作做好。

徵求每個人的意見。每個人最了解自己所擁有的能力，也最了解哪種工作最能激發自己工作的積極度。分配工作的過程實際上是一種非正式談判，有三個目標：一是每個人都有能力完成他所分配的任務；二是每個人的任務都有足夠的挑戰性；三是每個人盡可能地投入到工作中。分配任務時，大家可以提出問題、發表意見，或者主動提出他們想做的事情。

先把所有任務列舉出來，然後再分配。為確保所有需要完成的工作都能夠完成，每個任務都要有人負責。每個任務不一定非得由負責人獨立完成，因為這個人不一定擁有獨自完成任務所需要的權力或資源。但是，負責人必須負起責任，確保這項任務有人去做，有人去完成。

通常來說，我們會把想實現的長期目標以及為實現這些目標所需完成的任務列舉出來。然後，我們要保證每個人手中都有任務，每個任務都有負責人。

將整個專案的成敗看成所有人的責任。如果一個組織中的人經常把「這件事不歸我管」掛在嘴邊，那麼這個組織很可能不會擁有光明的前景。明確分工的一個風險就是被人們當成推卸責任的藉口。在最初開會訂定計畫時，人們不會考慮到所有需要完成的任務。隨著時間的推移，新的問題和任務會不斷出現。所以，你們必須提前說明，團隊目標的實現是所有人的責任，最初的分工僅僅是最低要求，不是最高要求。

用更好的標準來分配工作

蒐集工作分配意見的一個風險就是人們可能會提出對他們有好處但是對團隊不利的任務分配方式。每個人都想訂定長期計畫，沒有人願意倒垃圾。每個人都想爭取新客戶，沒有人願意解決現有客戶的投訴。經常向大家徵求意見的做法並不會降低主管的決策權。員工擁有提出建議的機會，但是最後主管還是要根據組織的整體利益訂定決策，只是和以前相比，主管擁有了更多參考意見。

此外，如果人們理解訂定決策的標準，他們就會在分配工作時將這些標準考慮進去。當哈佛大學談判專案組開設談判研討班時，他們請了一批法律系學生擔任助教。這些助教需要每兩個人組成一個小組，課程講師需要解決的一個問題就是如何為助教配對才能讓他們更加有效地工作。學生們最初想和最要好的朋友組隊，教師則提出了有利於項目的標準：同組的兩個人至少要有一個人有經驗；兩個人的工作風格要相互協調；此外，兩個人還要具有一定的差異性。然後，教員請同學們自己選擇合作夥伴。結果，這些助教每次提出的人選都滿足上述要求，最終的分組結果並不比教員自己原先的分組方案差，甚至比教員的方案還要好。每個助教都對自由選擇同伴的分組形式感到滿意，而且因為得到對方的認可而感到高興。同樣的道理，如果讓工人根據事先規劃好的標準提出分配工作的建議，那麼他們會覺得工作是自己選擇的。這樣一來，他們就會更加努力地工作。

不同的組織需要根據不同的標準來分配任務。下面列舉一些分配任務的基本標準。

將工作分配給能夠完成任務的最小群體。當接受每項任務的團隊人數較少，整體效率可能是最高的。每個小組的人數應限制在一定範圍內，以保證小組成員充分投入到工作中。

將工作交給可以勝任的最低級別員工處理。在實踐中，許多日常工作的最終負責人常常親自去執行這些工作——管理人員常常需要為迎合某位客戶而操心。通常來說，更好的做法是把任務交付給下級員工處理。但主管把任務交辦給下屬，並不意味著下屬有權作出與這項工作相關的所有決定，只能按照主管事先的規定行事。當他遇到新情況或無權處理的情況，必須請主管親自處理或給予指導。主管給予下屬的指導意見取決於這個下屬的能力。如果下屬對主管交待的任務瞭如指掌，那麼主管並不需要詳細地指導他。主管應該把想要實現的結果告訴下屬，讓下屬自己去實現。

分配給每個人他所能勝任的最重要任務。如果把每一項任務都交給最有能力完成這項任務的人，那麼一個能力很強的人可能會被瑣事纏身。實際上，他應該從事更有難度的工作。更好的做法是把每個人能夠處理的最重要的工作分配給他。這樣一來，每個人都能為團隊作出最大的貢獻。

我們有時可能無法同時滿足上述標準。例如，你可能只需要一個人去談一筆生意，但是團隊中有三個人都擅長談生意，而且談生意是這三個人能夠處理的最重要的工作。不過，你還是應該盡量遵守這些標準，因為這樣會讓你們獲得更好的結果。

Step 3

如何帶人：營造勤奮工作的氛圍

你可以把改善團隊合作當成你的任務

作者建議給每個人適合他能力、能夠激發鬥志、值得尊重的工作。現在，我們就提供你一份這樣的工作：改善團隊的合作方式。你對目前的工作感到厭倦嗎？這個任務絕對既新鮮又刺激。你擔心這份工作不重要嗎？如果你能改善團隊成員的交流方式，那麼你可能會成為公司最重要的人。首先，你可以幫助同事培養習慣，讓他們更有幹勁，對工作更加投入。

提供分析——

人們目前的角色限制了他們的責任感

回憶一下前面提到的那支懶散的足球隊，假設教練無法激發球隊的熱情，如果你是一個沒有影響力的板凳球員，你能做什麼呢？你可以找到教練，提出你對於隊伍缺乏積極性這一現狀的分析。

你：能佔用你一點時間嗎？我想提個建議，上次比賽之後，你說大家沒有好好思考在場上的戰術要怎麼進行。

教練：這麼說你思考過了？你是想讓我把你放在先發名單上吧？

你：我是有這個想法，但現在我想說的不是這件事。我在想，為什麼我們在場上沒有認真思考？我覺得在每場比賽的賽前和賽後，你都在替我們思考。你觀看比賽影片，把你發現的問題告訴我們；你設計訓練內容。我們什麼都不需要考慮，等到我們上場的時候，我們還在等著你來替我們想戰略。

教練：你說得似乎有點道理。

你：你能想到其他原因嗎？可能還有別的原因。

如果進展順利，此時教練就會開始思考這些問題，研究解決辦法。如果他沒有這樣做，你還要進一步引導他。

詢問解決方法——「如何讓大家對工作更加投入？」

如果你找到教練，告訴他應當採取的做法，他很可能會認為你在命令他。如果他把注意力放在如何讓你回到自己的位置上，你就失去了改變團隊現狀的機會。你應該把自己想像成領導者的心腹，以提問的方式來引導教練，而不是直接告訴教練應該怎樣做。

你：我知道你一直在強調大家在場上要多思考。我想應該從讓我們在場下思考開始。為了訓練我們的頭腦，我們應該做什麼呢？

教練：我想我可以傳給你們每人一支比賽影片，好讓你們在檢討會之前看一看。你覺得大家會認真看比賽影片嗎？

你：至少我會。我想如果你告訴他們觀看比賽影片的好處，那麼他們都會看的。我們還可以做什麼呢？

教練：嗯……賽後我們可以先讓他們談談對比賽的印象，然後我再把我的看法告訴他們。

你：如果我們有機會發言，那麼我以後就不會缺席賽後檢討了。這真是個好主意，謝謝您的指導。

教練：不客氣。

如果教練無法回答你的問題，你就可以把你的想法告訴他。如果教練的回答無法讓你滿意，你也可以把你的想法告訴他。然後，你就可以回去接著訓練，讓他來決定如何行動。

執行 先徵詢別人的意見，然後再作決定

幾年前，一艘英國油輪在波斯灣故障，而修復輪船所需要的備用零件又被船長忘在了英國。此時，船長可以向倫敦發電報求助，請他們用飛機把零件送過來，但是這樣做既耗時又不經濟，而且非常令人尷尬。船長在絕望中召集了一些下屬，把目前的情況告訴了他們。結果，平時一直不聲不響的無線電話務員向船長報告了一個好消息：一個無線電操作人員剛剛收到了他哥哥傳來的電報，他哥哥目前正在乘坐一艘與該油輪型號相同的

油輪。由於臨時修改計畫，這艘油輪現在也在這一海域。聽到這個消息，船長馬上向對方船長傳了電報，結果對方油輪上的確有他們需要的備用零件。兩艘油輪會合以後，問題很快就解決了。

如果你邀請別人向你提出建議，他們就會覺得自己受到賞識和尊重。這樣一來，他們就會更加努力地工作。同時，你還會獲得寶貴的建議。

在他人的建議中尋找有用的建議

我們都知道，人們常常對別人提出的建議置之不理。這樣一來，提建議的人一定會感到灰心喪氣，不再向別人提出建議。所以，你應該先假設他們的建議是有用的，如果你看不出來這些建議的用處，你應該請他們自己來解釋。

花時間詢問他人意見是值得的。每當羅傑的妻子卡羅琳（Caroline）向別人承諾羅傑一定會參加某個宴會而羅傑本人又不想參加，他就會提到一個口號：「『先詢問後決』——作決定之前一定要先問別人的意見。」卡羅琳想了想說：「『先詢問後決定』的結果就是什麼事情都做不成。」

和別人溝通的確需要花費時間。在有些情況下，並沒有時間去溝通，像如果廚房著火了，你不能把家人召集到一起，詢問他們的意見。不過，在大多數情況下，你還是能擠出時間的。如果你花時間與他人交流，那麼他們往往會使用更好的工作方法，更加努力地工作，取得更好的結果。最終，你很可能會節省更多的時間。

尋求建議會讓你看上去更有能力。你可能不願意向他人尋求建議，你擔心這樣做會顯得你沒有能力。一個經理可能不願意向下屬尋求幫助，擔心這樣做會失去下屬的信任。人們對個人英雄主義有一定的浪漫情結，電影中的英雄常常一個人獨來獨往，如果我們尋求幫助可能會背叛這個英雄守則。

不過，如果別人向你尋求建議，你很可能不會因此而輕視他們。實際情況恰恰相反。愛德華・甘迺迪（Edward M. kennedy）首次當選美國參議員後不久，就向落選的競爭對手索要了他的學術顧問「智囊團」名單。有一年冬天，甘迺迪被暴風雪困在了波士頓，於是他打給這個「智囊團」中的一位教授，問他是否能抽出一個小時跟自己見面。到了哈佛以後，這位參議員才意識到，他並不知道他要見的教授是哪個領域的專家。甘迺迪並沒有灰心，他向教授提出的第一個問題是：「您覺得我應該問一些什麼問題呢？」這位參議員在教授面前並沒有喪失自己的身分。（羅傑當時覺得甘迺迪相當聰明。）大多數人都是這樣，我們希望人們看到自己幫助別人的樣子，不希望人們看到自己需要幫助的樣子。

不要讓他們控制你。你可能不願意與他人交流，因為你怕他們把自己的意見當成金科玉律。如果你詢問母親對你婚禮計畫的意見，她可能會詳細指導你如何去做。當她看見你沒有嚴格遵守她的建議時，就會非常不高興。如果向同事徵求意見，很可能會遇到相同的情況。徵求意見很容易被理解成授權，你應該事先說清楚，你向對方徵求的意見不一定會執行。

有很多事情是你不知道的。我們從來也不知道有多少事情是我們不知道的。例如，前面提到的油輪船長並不知道無線電操作人員知道什麼。我們只能推測其他人能夠做到的事情，而且這種推測常常是錯誤的。

一家加拿大集團公司的董事長是從集團內部的職位快速升遷上來。他說，他最大的經驗就是認識到他之所以能當上董事長，不是因為他知道問題的答案，而是因為他知道如何尋找答案，而且能夠判斷出哪些方案好，哪些方案不好。他說，隨著職位的提升，他的工作從命令下屬逐漸轉變成了詢問下屬。

和其他提高人們參與度的方法一樣，「先詢問後決定」的方法有兩個目的。它不僅能讓我們擁有更多可以利用的理念和才能，而且往往可以提高被詢問者對工作的專注程度。

07 反饋的藝術：不吝於表達感謝，且提供建議

我們能夠取得的成績取決於我們是否充分使用資源。當我們與他人一起工作時，我們有很多機會互相幫助，從而提高我們的技能，增加我們可以使用的資源。我們很容易評價別人的表現，但是對自己的工作很難作出判斷。所以，別人提出的意見對我們很有幫助。棒球選手自己看不到球棒——尤其是當他的注意力集中在投手身上時——所以他需要一名隊友檢查他的揮棒是否有問題。此外，不同的人擁有不同的技能和經驗，我們每個人都知道其他人不知道的一些辦法。如果這些技能和經驗匯聚到一起，就能形成一股強大的力量。

如果你的團隊成員能夠提供更多有效反饋，工作效率就會大大提高。想鼓勵別人更好地提供和接受反饋意見，你可以先從自身做起，然後想像所有同事積極提供和接受反饋時的理想狀態，最後努力把理想變成現實。

Step 1

培養一項個人技能：學習如何通過提供反饋來幫助別人

問題　有能力幫助同事時，我們沒有伸出援手

既然提供反饋能帶給我們好處，我們在工作中就應該隨時交換意見。不過我們知道，在實踐中並沒有都能做到這一點。當法律系學生在大公司經過一個夏天的實習回到學校，他們常常會抱怨自己在工作上幾乎沒有得到同事的指導和反饋。資歷較淺的諮詢師、投資銀行家、業務代表、經理也都遇到過同樣的問題，職位較高的人則常常抱怨下屬對他們的努力工作不加理睬或者不懂得感激。

實際上，我們可能都知道，這種情況之所以會發生，是因為我們很少花時間幫助別人。我們看到同事或老闆犯錯誤時不願意指出他們的錯誤，也不願意告訴他們更加有效的做法。我們總是想要說點什麼，甚至會提醒自己不要忘了這件事。結果時間一天天過去，我們始終沒有把話說出來。

我們總是想先去做別的事情，把幫助別人這件事留到以後處理。結果，我們既沒有幫助別人學到什麼東西，也沒有給予他們足夠的支持。這是怎麼回事呢？

肇因 我們之所以不願意提供反饋，是因為我們缺乏有效反饋的技能

你之所以不願意幫助同事，很可能不是因為懶惰，也可能曾努力過，但你提出的建議並沒有得到採納。也許對方還會被你的話激怒，他可能會反過來指出你的缺點。所以，你們現在彼此相安無事，誰也不會提出可能引起對方不快的話題。

當你想改善自己提供反饋的能力，你首先要明確自己的目標。假設你看到同事、助理或者老闆正在工作，你想要提出自己的意見。此時你的目的是什麼呢？你是想鼓勵他，還是指出他的錯誤？你是想對他作出評價，還是對他的優秀表現提出表揚，抑或製作一份進度報告？

通常，你此時很容易批評別人。從以往的經驗來看，你批評別人時，

他們不太可能真心接受你的意見，所以你可能想提出「建設性評論」。不過，「建設性」與「破壞性」之間的區別並不是問題的本質，真正值得商榷的是「批評」本身。「評論家」是一群專門評判的人，他們僅僅是對某部電影或某家餐廳作出「合格」或「不合格」的判斷而已。評論家的作用是幫助人們決定一部電影是否值得觀看。你不是評論家，無法置身事外。你還要繼續和助理、同事、老闆在一起工作，你很難保證今後不再和他們共事。因此，你應該努力改善他們的工作方法。

解決方案 將感謝、建議和評價區分開

提供反饋時，你希望你的反饋能幫助你和同事完成更多工作。想做到這一點，至少有三種不同的方法可以選擇。你應該根據不同的目的提供不同的反饋。

鼓勵對方，提升士氣

此時，你的目的是改善同事對待工作的態度，激勵他們努力工作。你

希望他們有信心完成艱鉅的任務；你希望他們每天上班時精神飽滿；你希望他們知道別人注意到了他們的工作並因此獲得滿足感。這樣一來，他們就會更加努力地工作，更加為團隊著想，把工作做得更好。

幫助他們提升技能

此時你的目的是幫助同事更好地工作。你想讓他們檢討過往經驗——包括他們的經驗和你的經驗——以便下次做得更好。你無法強迫同事做到這一點，他們的行為是由他們自己控制的。你應該提供他們想法和建議，供他們採納。

訂定人事決策

主管可能需要一份員工調查表，以決定誰可以升遷、誰獲得獎金、誰需要更多培訓、應該解僱誰。你可能需要提供一些資料，幫助主管合理地訂定這些決策。你應該把你的評估結果告訴被評估者，以便讓他們知道自己在組織中的表現並獲得改善的機會。

你需要使用不同方法來實現這些不同的目的。因此，在不同場合，你至少應該掌握三種不同類型的反饋：

感謝——

把你對他人努力工作的感激和讚許之情表達出來。這是一種情感上的表達，目的是滿足對方情感上的需要。

建議（或指導）——

指出你認為對方的哪些具體行為應該堅持，哪些應該改變。此時你是評價工作表現而不是評價個人。

評鑑——

根據一組明確或默認的標準以及與他人的互動來對對方的表現作出評價。

我們通常不會仔細考慮我們提供反饋的目的，因此我們並不知道自己提供的反饋屬於哪種類型。如果你缺少一個清晰的目標，那麼也許你提供的反饋不僅無法幫助同事，而且還會影響他的表現。一位社會工作者在向一群專業人士就流浪兒童的情緒困擾檢測問題發表重要演講前，在同事面前排練。同事們認為她講得不錯，但是覺得她很緊張。為增強演講者的自信，他們對她說：「講得好極了，非常完美。」對這位社會工作者來說，增強自信的確很重要，但更重要的是改善演講效果。聽朋友的話，她會認為自己已經不需要改進了。這樣一來，也就失去了改善演講效果的機會。

其實，這位社會工作者的同事可以這樣說：「我很喜歡你的演講，我想你的聽眾也會喜歡你的演講。如果你願意，我們可以花點時間，讓你的演講效果變得更好。」

你應該養成習慣，在提供反饋時清楚自己的目的，並選擇與該目的相適應的反饋類型。

區分不同的反饋類型

我們很難同時實現兩、三個不同的目的。大部分人的注意力都是有限的，尤其是面對個人表現評估這類敏感問題時。例如，一位大學教授花了大半個週末的時間為一位同學的論文寫了詳細的評語。這位同學收到論文後，首先翻到最後一頁查看評分。如果評分是A，他會非常高興。如果得了C，他一天都會沒精打采，抱怨評分不公正。不管是哪種情況，他基本上都不會花時間認真閱讀教授在評語中提出的建議。改進建議往往會淹沒在評分帶來的情感衝擊中。

最好不要同時提供不同類型的反饋。至少，你應該在轉換反饋類型時作出明確說明。這樣做的最大好處是可以避免評價別人時給人帶來的焦慮感影響建議和感謝的效果。在多數情況下，評鑑對別人的幫助作用最小，最有可能對其他兩種反饋造成不利影響。

把你的目的告訴對方

一位先生早早下班，專門為妻子做了一頓晚餐。妻子吃飯時，第一句話就是「這醬汁裡的辣椒好像少了一點」，這句話可能會讓丈夫把醬汁扔到她的臉上。實際上，妻子是在回答「她的丈夫應如何增進廚藝」這個問題，而丈夫想聽的卻是「她是否對我的辛勤勞動表示感激？」他並不知道妻子這麼說的目的是什麼。是想出去吃嗎？還是遇到了不開心的事情？她是想傷害自己的感情嗎？

你應該說明你想提供的反饋類型，確認對方是否願意接受，這樣做是很有意義的。「根據我對你工作的觀察，我想提出一些建議，你可以看看這些建議是否適合你。這樣可以嗎？」如果你徵求對方的許可，對方就會做好心理準備，不會感到驚訝。這樣一來，你就可以讓他們主動接受你的指導，而不是被動忍受你的說教。

具體做法　提供有效反饋的幾個技巧

上面講述提供和改善反饋的基本原則，接下來介紹具體觀點和建議。

將你的感激表達出來，以此提高人們的積極度

人們在一個團體裡工作時，有時會擔心自己被趕出這個團體。為此，我們可以經常向別人表示感謝，以緩解他們的恐懼感，提高他們的工作積極度。通過感謝，我們知道自己屬於集體，自己是重要的，努力和貢獻得到了理解。因此，表達感謝時，你應該針對對方這個人而不是他的行為道謝，這樣他會更受感動。「你給我很深的印象。」「很高興與你合作。」

「你是團隊的寶貴財富。」「我認為你非常出色。」

儘早感謝，經常感謝，感謝別人是沒有時間限制的。你應該隨時用片刻的時間去感謝別人，來改善他們的心情，提高他們的工作效率。這麼做的成本很低，收穫卻很大。你只需要花一分鐘的時間，去某人的辦公室說一句：「謝謝你，辛苦了。」就可以提高他們的工作效率，讓他們以後更容易與你相處、更容易接受你的建議和指導。

你可以通過表達自己的感受來影響他人的感受。感謝的目的是改變他人對工作的態度，因此，最迅速、最保險的方法就是將你自己的態度表達出來。

人們對感謝的需要是一種情感上的需要，每個人都會擔心別人瞧不起自己，不管是剛剛入職的新人，還是資歷深的老手，都會面臨這個問題。有時，即使是非常優秀的人也擔心沒人尊重他們，這是對他人主觀意見的一種主觀性恐懼。因此，表達感激最直接的方法就是讓別人理解你對他的主觀感受。

↓「你的工作讓我很滿意。」

↓「和你共事是我的榮幸。」

↓「有你在辦公室解決問題，我就可以放心地出門了。」

↓「你努力工作讓我留下了很深的印象。」

↓「我理解熬夜工作的辛苦。」

通過述說你的感受，你可以向人們傳達訊息：擁有情感上的需要是很正常的，並不會削弱一個人的力量，畢竟在職場中工作的人並不是機器。

將你的感受告訴別人也有風險，他們可能會覺得你在騙人。因此，你必須先整理自己的想法——你必須對你所談論的內容有真切的體會，並仔細考慮這些話語可能產生的影響。

尋找可以感激的事物。你可能會說：「如果我對他們的表現不滿意，我怎麼向他們表示感謝呢？這樣做不會顯得虛情假意嗎？」

當人們工作順利，你很容易對他們表示感謝。那麼，如果人們的表現很糟糕，你應該怎麼辦呢？有時，混亂的局面並不是當事人造成的。一位糕點師剛把舒芙蕾放到烤箱中，烤箱電源就故障了，這當然不是糕點師的問題。不管結果如何，你應該肯定他付出的努力，並同情他的遭遇。

最近，有一個人在瑪莎葡萄園島掉進巨浪中溺死，他的家人請當地報紙幫他們找到當時冒著生命危險跳到海中試圖搭救他的過路人。他的家人儘管非常悲痛，但也想當面對感謝這位好心人付出的努力。即使結果不理想，人們也可能在努力過程中投入了心血和勇氣。

此外，糟糕的表現還有可能是缺乏技術、經驗、力量等原因造成的。不管結果如何，我們都應該對人們付出的努力給予誠摯的感謝。即使人們工作不認真，你也應該將一個人的價值與他的努力、表現和取得的結果區分開來。

不久前下了一場大雨，一位先生在下雨前就把院子裡玻璃桌子上的大沙灘傘收了起來。妻子建議他把桌子搬到室內，以免狂風掀翻桌子、打碎玻璃。丈夫覺得為這件事冒雨不值得，因為以前桌子也被掀翻過，而且並沒有造成任何損失。結果第二天早上，他們發現玻璃桌面已經摔成了無數碎片，散落在孩子們經常光腳玩耍的草坪上。

在這個例子中，丈夫既沒有付出努力，也沒有獲得良好的結果，不過此時妻子沒有教導他下次應該怎樣做，而是明智地給了他一個擁抱，因為她知道，面對糟糕的局面，丈夫更需要理解和支持。

當一個人知道自己表現不理想，你就不應該再去揭他的傷疤，應該同情那些要對失敗負責的人：「兄弟，我知道你的感受，我也做過同樣的事情。只要把這類事情當做教訓牢牢記住，下次就不會犯同樣的錯了。」

你不應該對別人提出不切實際的表揚，應該找到別人身上真正值得稱讚的地方。即使很難找，這樣做也是值得的。如果找到了，你就應該如實地表揚他人，這種情感上的鼓勵會讓人們獲得繼續努力的勇氣。如果他們希望不斷取得讓你滿意的結果，那麼他們首先必須知道這種結果是有可能實現的。

提出建議以改善人們的表現

提供建議或指導的目的是幫助別人改進技能、開發潛力。你應該側重於對人們的工作內容和工作方式進行指導，你的目的不是說明你比別人更聰明，你並不是在與別人爭奪利益。「我想你應該去倒垃圾（這樣就不用我倒了）」並不是指導，真正的指導應該是：「如果你想倒垃圾，我有個主意可以幫到你。」當你的指導能夠滿足對方的需要、幫助他們更好地工作，這種指導是最有效的。

表達感謝針對的是人：「謝謝你的幫助。」指導則相反，對事不對人的指導是最有效的。你應該談論對方可以選擇和避免的具體做法，著重於如何在不同工作方法中作出選擇。

當你就事論事，對方不會產生強烈的抵觸情緒。如果你專注於如何改進工作，而不是如何改變人，那麼你可能會獲得更好的效果。最理想的狀態是兩個同事討論為達成目標可以使用的各種方法——就像兩個釣魚的人研究哪種魚餌能釣到更多的魚一樣。你們的比較對象應該是當事人正在使用的工作方法與其他可以選擇的工作方法。

採取溝通的形式。說教並不是最好的指導方式。當你提出意見，你應該知道，自己只是旁觀者，也有缺陷和偏見。和別人一樣，你的知識、技能和洞察力並不完美。

首先，你應該向對方提問。不僅要提出自己的觀點，還要了解對方的想法。如果你想對人們的做法提出建議，你必須先清楚對方想要做什麼。

一位年輕的軍官曾擔任將軍的副官，有一次，兩個人在回顧剛結束的會議時，年輕的軍官向上司提出了詳細的建議，指出他應該如何幫助團隊中的一名顧問在這類大型會議上更有效率地發言。將軍打斷了他的話：「我並不希望他在這次會議上給人留下良好的印象。我希望看到他像個白痴一樣不停地說下去，這樣大家都會知道我要開除他的原因。」顯然，年輕的軍官提供的建議並不符合將軍的意圖。想提供良好的建議，你必須知道對方想做什麼。

提出建議的時機，最好是讓接受者自己決定。你可以告訴他你想要提出一些建議，問他什麼時候合適。這樣，他就會覺得接受指導是自己作出的選擇，從而更有可能接受，你也有機會在效果最好的時候提出建議。遺憾的是，對於有些人來說，你永遠也找不到提出建議的良好時機。此時，你至少應該讓他們聽到你的建議並加以考慮。

你的同事可能在某些方面特別需要你的指導，如果你能了解這一點，你就能更好地幫助他。他如果想有所改善，就會認真聽取你的意見，努力改變自己的行為。此外，你還應該考慮到指導對象的個人偏好。一個法學院的講師經常請學生和聽課老師提意見，並請他們等到每週的課程結束以後再把意見告訴他，以免他因為分心而無法正常授課。

你向別人提出意見時，不妨先問問對方如何看待自己的表現，怎樣改善自己的表現，這樣做通常是有好處的。「我想提供一些建議給你，在此之前，我想先聽一聽你對於改善自身表現有著怎樣的看法。」假如他的觀點和你想要提出的建議相同，那就再好不過了。這樣一來，他就會把這個觀點當成自己的想法，從而更願意改變自己的行為。

當你向一個人提供建議或指導，你是在幫助他改變自己的行為，而不是替他改變行為，自己的行為最終還是要由自己決定的。即使對方是你的下屬，你也不可能整天監視他。當你想要改變別人的行為，只有讓他們自願作出改變，你才能獲得成功。

對有效的工作方法給予肯定。與其將他人分成積極和消極的態度，不如將人們的工作方法分成有效和待改進的方法，這種區分方式更加有用。因此，你在提供反饋時，並不需要評估對方的表現（「表現不錯」或「有待改進」），你只需要對對方有效的工作方法給予肯定，並對有待改進的地方提供具體的指導意見。

對別人的表現發表意見時，你可能只著重於那些有問題、需要改變的地方。俗話說得好：「鐵錘打出頭的釘子。」你不太可能注意到那些一步到位的釘子。人們往往會忽視正常的工作表現，忘記對它們給予評價。

人們從成功中學到的東西並不比從失敗中學到的東西少。有能力的人常常無法說清他們的強項在哪裡。如果有人指出一場演出的成功之處，那麼演員更容易複製這場成功的演出。此外，他們還可以從中總結出基本原則，運用到其他演出中。

提出建議時，你應該盡量採用積極肯定的形式。你最好說「盡量這樣做」而不是「盡量別這樣做」。雖然兩種說法都是相同含義，但第一種說法的語氣較為柔和，而且更加有效。如果你滿腦子都是不應該做的事情，卻不知道你應該做什麼，那麼你可能會反覆去做你不應該做的事情。我們都知道，如果你告訴一個人不要去想大象，那麼他一定會下意識地違反你的命令。

與幫助別人糾正錯誤相比，採取幫助他們延續成功的策略有以下幾個好處：首先，對方知道他能夠將你所提出的建議變成現實，因為他剛剛已經做到了這點；其次，他會更有自信，因為他至少能將一部分工作做好；

最後，他知道你看到他工作中優秀的一面，不太可能擔心你對他有意見。

對需要改變的地方提出建議。僅僅依靠積極的肯定是不夠的，你還需要指出別人應該改變的地方。有時，你只需要把你不滿意的地方告訴他，讓他自己想出更好的解決辦法。不過，僅僅提出批評卻不提供可行建議的做法可能會達到反效果，尤其是當對方沒有時間想出替代方法時。

艾倫幾年前看過一場足球賽，由英國頂級球隊對戰低級別的球隊。比賽中，足球橫越過頂級球隊球門前的區域，並被對方球隊爭取到了一個角球。隊長認為守門員作為經驗豐富的國際球員，理應果斷出擊拿到球，清除任何潛在的危險。因此，對手準備開角球時，隊長還在憤怒地指責守門員，批評他不該犯剛才的錯誤。角球開出來以後，守門員的耳畔大概還迴響著隊長的批評，他跑到了離球門很遠的地方，想要接住球。結果他失敗了——對方取得了一個進球，而且憑藉這個進球贏得了比賽的勝利。在旁觀者看來，如果不是因為隊長的批評，守門員幾乎不可能跑到離球門那麼遠的地方去接球，對方也就不可能獲得進球。隊長只圖自己的口舌之快，影響了守門員的正常發揮。

當對方有時間思考，具體的建議更容易讓他作出改變。你可能會跟別人說：「我覺得你在找人實踐之前就把這份計畫作為最終版本確定下來的做法是非常草率的。」這種說法通常會引起人們的抵觸、辯解甚至反抗。相比之下，提出具體的建議可以獲得更好的效果：「我發現，不管我的計畫訂定得多麼清晰，我都應該找人實踐一下。經過實踐，這些計畫中隱藏的問題就會暴露出來。所以如果時間允許，我不會讓大家執行沒有經過實踐檢驗的計畫，而且我會盡量多花一些時間去檢驗這些計畫。」同樣是提建議，「我覺得你這樣做更好」比「你這麼做是錯的」更有用。

不要一次提出過多建議，假如你在下屬的表現評鑑中寫下二十項需要改善的項目，他很可能在有機會練習這些改善項目之前就忘記大多數了。此外，如果需要改變的太多，人們就會產生恐懼感，失去改變的勇氣。當你提供口頭反饋，通常一次只能提出兩到三個建議。在你提出更多建議之前，應該先讓對方將你已經提出的建議付諸實踐。

例如，本節提出了許多建議，讀者不可能透過一次閱讀將它們全部掌握。我們給讀者的忠告是：不要一次把所有事情做好。你可以每次只接受幾條建議，等你把這些建議消化以後，再去接受新的建議。提供口頭建議時，對方不可能把你的建議像書一樣存放到書架上隨時查閱，所以口頭提出的建議一定要簡單。

分享具體資料和思路。我們提出的建議常常很籠統，不具有實用性。志偉和阿蘇在一家行動電話製造商的業務部門工作，他們剛剛與一位潛在經銷商會談結束。

志偉：你覺得剛才的會談怎麼樣？你有什麼建議嗎？

阿蘇：你的表現真不錯，你應該把這種氣勢保持下去。只有一件事需要注意：你應該對這些傢伙強硬一些，不要讓他們覺得能得到比其他經銷商更好的條件。當你作出這樣的承諾，你實際上是把鈔票大把大把地往外扔。

志偉：是的，不過，這真的是一筆很大的訂單，我要確保……

阿蘇：正因為是很大的訂單，所以我們才需要保住利潤。在這一點上，大型經銷商比小經銷商重要得多。

志偉：好的，我會記住的。

你的指導意見越籠統，越有可能被當事人看成對他的指責，而不是對其行為的專業分析。在上面的例子中，志偉沒有認真聽取阿蘇的意見，而是研究如何為自己辯護，這一點也不奇怪。你的目的是幫助對方更好地工作，所以你的反饋越具體越好。告訴某人「幹得不錯」並不能讓他知道哪些做法應該堅持。具體的反饋能讓人們理解他們在你眼中的表現，以及你欣賞這些表現的原因。這樣一來，他們更容易接受你的意見。此外，他們還可能提供你所忽視的訊息，或者向你解釋他們的動機，從而改變你的想法。你要記住，你的目標不是找到正確的方法，而是找到更好的方法。通過分享具體的資料，你們可以齊心協力，共同找出更好的方法。

上面的對話也可以這樣進行：

志偉：你覺得剛才的會談怎麼樣？你有什麼建議嗎？

阿蘇：你剛才營造了輕鬆舒適的談話氛圍，真讓我吃驚。比如說，經銷商問到為什麼我們的產品比競爭對手貴時，你給出了好幾個理由，還舉了例子。這說明你具備談論重大問題的能力，而且能夠鼓勵經銷商向你坦承他所關心的問題。

志偉：謝謝你的誇獎。和你共事是我的榮幸。

阿蘇：我還有一個建議，不知道你想不想聽。

志偉：當然想聽，請說。

阿蘇：你還記得你對價格保護政策的解釋嗎？如果我們降價，經銷商的倉庫中還存放著以原價購進的貨物，我們就要給予補償。

志偉：記得。

阿蘇：我記得你當時說：「我們通常不會提供超過三十天的價格保護。」你的口氣非常含糊，這讓我很吃驚。我想這就是對方要求我們把保護期限延長到九十天的原因。你為什麼要使用這種語氣呢？

志偉：因為這畢竟是一筆很大的訂單。我不希望經銷商因為價格保護問題而選擇我們的競爭對手。我不想在這個問題上冒險。

阿蘇：沒錯，如果在價格保護問題上讓步能讓我們留住這個客戶，這麼做當然是正確的，不過我想我們也許可以用三十天的保護期限來達成交易。我的建議是用堅定的語氣把這筆生意以最好的面貌呈現給他，如果他要求延長時間，我們可以再談。比如，你可以這麼說：「我們向所有經銷商提供三十天的價格保護。據我們所知，這是業界最長的保護期限。有的製造商只提供十五天的價格保護。」如果他要求延長時間，我們可以詢問他的目的，並研究如何滿足他的需要。

志偉：好的。不過如果他知道我們有時會破例，又該怎麼辦呢？

阿蘇：你可以這樣……

提供具體的反饋的確需要花費更多的時間和精力，而且需要我們留心記住對方說過的話。不過，這樣做可以幫助人們更好地掌握某種技能，從而免去為他們糾正錯誤和進一步指導的麻煩，長期來看，可能會節省更多的時間。

僅僅在需要時評估

一個經理經常需要決定提拔誰、試用誰、解僱誰。此時，他常常需要收集一般員工的意見。這些一般員工與考察對象之間的距離比經理近，因此他們的判斷更加準確。根據某項標准或根據別人的表現對一個人進行評價並不是幫助他進步的最佳途徑。如果你只是宣布某個人在團隊中表現最差，那麼他並不會獲得與改進有關的任何資訊，他的工作熱情一定會受到影響。如果你告訴人們他們是最棒的，卻不告訴他們哪些地方應該堅持，哪些地方應該改進，他們可能會因此而鬆懈下來。

人們經常會犯一個錯誤，那就是把所有反饋全部看成批評。我們有時需要通過評價讓人們清醒過來，督促他們更加努力地工作。羅傑曾經請一個高級談判研討班上的十二名法律專業學生對他們的助教能力匿名排序，以確定助教人選。這些學生不能串通、不能協商。結果有十一個人都把某個學生排到了最後一名，只有一個人把他排到了第一名。顯然，該學生需要對自己的行為進行誠實度測試。

Step 2

使團隊使用這項技能的願景更加清晰：大家相互支持、相互指導

通過使用上面介紹的方法，你可以獲得提供幫助和尋求幫助的技能，從而不斷提升自己和同事的工作能力。在一個組織中，我們希望營造互相幫助的氛圍，大家一起學習、一起進步。不過，如果你曾在公司企業中工作過，你可能對另一種氛圍更加熟悉：每個人對別人的事情不聞不問，直到局面發展到無法收拾的地步。

在一個組織中工作的人越多，這個組織就越難建立起順暢的上行、下達和橫向反饋通道。我們可能不認識組織中的其他工作人員；可能組織的官僚氣息很濃，人們很難了解到其他人的工作狀況。

志豪的第一份正式工作是在哈特福（Hartford）一家保險公司的理賠部當小職員，他一開始並不認識部門中其他資歷深的人。他沒犯過大錯，但也沒有做出太大的成績。管理部門通常和其他職員混在一起，和志豪同期進入公司的人當中有一個人會檢查他們的工作，修改他們的報告，告訴

他們如何改進工作方法。由於沒有人提到他的事情，志豪一直都以為他是大家的主管。因此，當志豪聽說這個人被解僱時，感到非常吃驚。

在大型組織中工作的人經常抱怨他們的工作無人理解，無人賞識。年輕人希望獲得上司的更多注意。剛入行的投資分析師、律師事務所的合夥人、年輕的木匠都在抱怨他們的工作無人關心，無人指導。

在同一個組織中，高階主管也面臨著同樣的問題。基層員工不願意提意見給他們，尤其是不敢指出他們的錯誤。主管和一般員工之間的距離導致主管們無法收到他們所需要的反饋。他們常常感覺自己多年的努力和工作經驗無人理解。沒有人會拍著他們的肩膀誇獎他們。他們可以鼓勵他們的下屬，但是誰來鼓勵他們呢？

這是一個很嚴重的問題。假如一般工人和專業人士的勞動得不到人們的重視，他們就不會獲得滿足感，可能會在工作中偷懶。既然沒人知道你是否努力工作，為什麼要白費力氣呢？即使鬆懈下來，也不會有人注意到你。此外，這種狀態還會影響人們工作水準的提升。一家工廠可以通過投資廠房和設備來提高生產效率。其實，只需要花一點心思，它也能提供員工的生產效率。

為什麼在大型組織中工作的人常常看起來庸庸碌碌？為什麼有的人應聘時表現出無窮的潛力，但進了公司以後能力遲遲得不到發揮，最後只能一走了之？

肇因 一些毫無根據的假設讓我們不願意互相幫助

你在提供和尋求反饋時遇到的問題也適用於其他人，他們既不知道如何區分不同的反饋，也不知道如何提供不同的反饋。由於大家普遍缺乏反饋技能，因此團隊中會出現一些不成文的假設，以證明團隊缺乏相互支持和相互指導的合理性。許多假設都會導致我們看到問題時不願意向同伴伸出援手。下面是一些常見的假設。

「我們來這兒不是為了相互奉承」

一九四九年，年輕的威廉在馬歇爾計畫（The Marshall Plan）位於巴黎的總部擔任財務主管。他一直努力工作，以應對即將在奧地利發生的貨幣危機。危機發生時，艾佛瑞・哈里曼（Averill Harriman）大使飛到維也納，把威廉留在巴黎。當時奧地利所有的銀行都關閉了。結果，哈里曼在奧地利協調了一整個星期，出色地解決了這場危機。

威廉對他的同事羅傑說，他想辭職。「我在這裡有什麼意義呢？哈里曼根本不需要我。我花了六個月的時間才研究明白的問題，他一下子就解決了。他甚至沒有跟我談及此事。」不久以後，哈里曼也向羅傑提到了這件事，哈里曼的說法讓羅傑非常吃驚：「我們年輕的財務主管是個天才。在危機剛剛發生的那個星期六晚上，我們到處都找不到他。我請保全打開了他的保險箱，發現威廉已經預見到了這場危機，他在保險箱中寫了一份內容很長的文件。我們複印了他的手稿。在接下來的一個星期裡，這份文件成了我的工作指南。我遵照威廉的建議行事，竟然把危機解決了。」羅傑建議哈里曼把財務主管的功勞親口告訴他，這位大使卻說：「我們千里迢迢來到歐洲，並不是為了坐下來相互奉承。威廉只是在做他的本職工作而已。」羅傑費了九牛二虎之力，才說服哈里曼和財務主管見了面，對所做的工作表示了感謝。

我們之所以沒有向人們表示感謝，是因為我們沒有意識到安慰和鼓勵對大多數人來說具有多麼重要的意義。除此之外，還有一些假設認為，並不是所有的人都應當接受別人的感謝，這種假設的危害更大。

「只有弱者才需要表揚」

專業人士透過傑出的工作來獲得滿足感，且真正的專業人士並不在意別人怎麼想，至少，大家都是這麼認為的。當人們在工作中受到表揚，許多人都會感到難為情，因為在他們心目中，真正強大的人不需要表揚，只有年輕人或者表現不好的人才需要別人「關照」或「手把手輔導」。

遺憾的是，這些觀點忽視了一個事實，那就是：再有能力的專家也是人，也有情感上的需要，也會產生危機感。

「有能力的人不需要別人來告訴他如何工作」

我們都希望在別人面前表現出自己強大的一面。遺憾的是，我們可能不得不為此而努力維持自己完美的假象。我們認為聰明能幹的專業人士不應該犯錯誤。犯錯時，你希望把錯誤隱藏起來，不讓別人看到。同樣的道理，當別人向你提出建議，你往往會採取迴避態度，以免人們認為你是需要幫助的人。我們都見過有人用「不用你說我也知道」這句話回應好心提出建議的同事，生怕別人瞧不起自己。

此外，我們還要努力掩蓋我們迴避建議這個事實。我們不能說：「謝謝你，不過我不能接受你的建議。對我來說，保持完美的形象比改正錯誤更加重要。」因此，我們會採用間接的策略打消同事向我們提出建議的熱誠：我們可能會否認自己的錯誤；我們可能粗暴對待想要幫助我們的人，斥責他們自以為是。為了維持完美無缺的形象，我們放棄了改正錯誤、提升自我的機會。到最後，為了證明自己能力很強，我們在很多方面依然沒有長進，尤其是在學習上面。

「指導是上司向下屬做的事情」

即使你承認自己在工作上需要向別人學習，也不一定願意接受所有人的建議。我們之所以會接受別人的建議，是因為對方比我們更聰明，或者更有經驗。因此，你願意接受來自老闆的建議，但向你提出建議的下屬則會遇到麻煩。我們很少想過，幫助一個人升職的技能與一個人對下屬在每一個任務上進行指導時傳授的技能可能是不同的。我們失去了從後輩同事身上獲得幫助的機會，他們剛剛克服的困難此刻可能正在困擾我們。

「僅僅接受來自上司的建議」通常與另一個成見聯繫在一起：「建議或指導等同於命令」。如果一個人不管是否同意別人提出的建議，都只能按照他的建議去做，那麼這種建議也只能由上司向下屬提出。

解決方案 每個組織都應該接受一組更好的假設

你應該實現這樣的目標：整個團隊在一組更好的假設下一起工作。

「感謝會讓每個人擁有更好的表現」

劍橋的一位出版商最近越來越消沉。他情緒低落，投入到工作中的熱情也越來越少。他所閱讀的每封信件都在投訴他們的問題，最後，他向助理抱怨說，他覺得沒有人理解他所做的任何事情。助理回答道：「哦，不是這樣的，大部分寄給你的信件都在誇獎你。人們總是寫信對你所做的事情表示感謝或祝賀。我知道你很忙，所以替你回覆了這些信件，然後就把它們收起來了。我只是把包含負面資訊的信件交給你，因為你需要了解這些資訊。」很快地，這種信件篩選模式就改變了，當表達感激的信件提交到出版商的手中，這位出版商又恢復了以前充滿幹勁的工作狀態。

人們常常沒有意識到對他人的工作表達感激所產生的巨大影響，尤其是下屬對上司的影響。事實上，越是強烈需要得到他人感激的人，越有可能努力工作，躋身領導階層行列。和其他人相比，這些人更需要別人來告訴他們，自己的工作是有價值的。

「尋求指導是有能力的象徵」

一個人的能力越強，就越能從指導中受益。職業網球運動員擁有全職教練，僅僅在周末打網球的業餘愛好者則沒有。爭奪世界冠軍的國際象棋選手參加錦標賽時要帶上許多教練和助理。到了晚間休賽時，選手會和教練、助理聚在一起，分析他的比賽，並為第二天的比賽出謀劃策。這些選手可以輕鬆擊敗助理，但這並不妨礙他們仔細聽取助理的建議。這些選手知道，雖然他們實力很強，但教練和助理可能會注意到他們忽視的一些問題，或者產生一些獨特的靈感，商業領域也是如此。尋求建議並不是軟弱的標誌，它說明人們擁有接觸新思想的觀念和提升自我的意願。

「誰都可以指導別人，誰都可以接受別人的指導」

我們認為指導應該是自上而下的，由上司指導下屬，這種觀點是錯誤的。有些事情下屬知道的更多，觀察角度更好，你的同事一定有某些方面知道的比你多。你需要想像你在別人眼中的形象，別人則可以直接看到。就像看台上的球迷比棒球打擊手更能看清楚他的揮棒。同樣的道理，與客戶講電話時，你的秘書比你更清楚你的說話語氣。

你的上司、你的下屬，與你同期的同事，都有可能對你提出寶貴的建議，你要明白能力平平的人也可能對你提出有用的建議。你應該傾聽所有人的聲音，然後認真考慮他們提出的建議。你對他們的個人意見不應該影響到你對這些建議的評價，你的行為需要由你自己來改變，所以你應該自己決定是否接受別人的建議，以及如何接受他們的建議。不過，提供觀點和建議的人能力越強，他的建議就越有可能給你帶來改變，不管這個人是你的下屬、同事還是上司。

Step 3
如何帶人：鼓勵人們提供更好的反饋

當你不是團隊領導者，你怎樣鼓勵團隊獲得更好的反饋技能以及有關反饋的假設？這個問題的答案相對來說比較簡單。首先，你可以向你的下屬、同事、上司表示感謝。他們可能會理解你的意圖，並效仿你的做法。不過，主動指導你的上司是有風險的，尤其是這一做法在你的團隊中並不常見時。在這一點上，你需要非常謹慎。

執行——請求別人指導你

要想營造相互指導的氛圍，最好的辦法不是把燙手山芋丟給別人，而是親自做出表率。你可以詢問老闆、同事或下屬對你的表現有什麼看法。其中，請求你的同期或下屬指導你的做法會對團隊產生更大的影響。如果你想讓你的下屬向他們的下屬尋求反饋意見，最好的辦法就是讓他們知道你也願意向自己的下屬尋求反饋意見。

你應該向他們提出具體話題，這樣他們更容易表達自己的意見。「我的表現怎麼樣？」是一個很難回答的問題。「關於我跟客戶的那次會談，你作為旁觀者，可以給我什麼建議嗎？」或者「你知道怎樣才能更有效地處理定價問題嗎？」這樣的問題回答起來要容易得多。

請求他人向你提供建議僅僅是個開始，你應該仔細傾聽別人的建議，看一看哪些方法能夠為你所用。當你學到新的方法，應該讓他們知道這件事。對於向你提出建議的人來說，你所能提供的最好的回報就是把其中的建議付諸實踐。

提供方向——告訴他們哪種反饋能夠幫助你

要想讓同事指導別人的技能達到改善，一個簡單的方法就是告訴同事哪種建議是有幫助的。如果你說「你一定要根據下面的原則提供反饋」，那麼他們很可能會認為你在批評他們之前沒有按照這些原則提供反饋。如果你強調自己需要得到更好的幫助，那麼他們只會注意到你的不利處境，不會覺得自己受到了批評。「雖然你把你對我的總體評價告訴了我，可是我還是不知道如何改善自己的表現。你能向我提供一些具體建議嗎？」

一旦開始使用上面介紹的方法，就會發現這些方法非常有用。當他們向另外一位同事提出建議時，就會想起你說過的話。如果他們沒有其他可供選擇的方案，可能就會自然而然地採納你的建議。

提出分析——
人們往往會效仿上級領導的做法

如果你向別人請求指導，就會成為一定的榜樣。如果你的老闆也向別人請求指導，那麼他就會帶起更強的影響力。

你的老闆很可能希望他的下屬之間相互多學習、多交流。你可以告訴他為什麼他的理想與現實會有差距：「這裡的人不管做什麼事情都喜歡盯著你。如果他們沒見過你請教別人的樣子，他們可能覺得他們也不應該去請教別人。」假如老闆同意你的觀點，他就會公開向大家尋求指導意見。當然，大家向他提出的建議可能也會改變他的工作方法。同直接指出老闆的錯誤相比，說服老闆向其他人尋求建議的做法很可能要安全得多。

第三章

做更好的領導者

Putting it all together

08 五項技能的綜合運用

我們在前面五節裡介紹了一些基本的工作技能，以幫助你增進獨自工作或與他人共同工作的能力。我們還提出了一些簡單的策略，包括提出問題、提供想法、做出表率。這些策略可以用於鼓勵大家共同使用上述工作技能。當你面對毫無結果的會議或者其他困難局面，需要說點什麼或做點什麼時，這些策略就可以派上用場。不過，這些策略還算不上是戰略。真正具有戰略高度的是之前介紹的五種基本技能。你可以使用這五種技能，讓你和同事有更好的合作成果。

↓根據你想要實現的結果訂定「目標」。
↓有條理地「思考」，從資料，到分析，到方向，再到具體行動。
↓在經驗中「學習」，隨時學習，隨時檢討。

↓通過接受「具有挑戰性」的任務，全心「投入」到工作中。
↓對應該堅持的工作方法和需要改進的工作方法提供和尋求「反饋」。

到目前為止，我們一直沒有將「提問、作答、行動」這三個策略與「目標、系統性思考、學習等」五種能力結合起來，因為我們擔心這樣做會增加讀者的理解難度。一旦你掌握了這五種能力，就可以通過各種形式把它們運用到各種任務中。不過，當你還在學習使用這些技能，如果它們出現在本書的不同語境中，你可能不太容易理解。想讓人們採納與這五種技能有關的建議，最好的方法也許就是讓人們在採納這些建議的過程中使用這些建議。

這節會介紹如何憑藉一個人的力量通過上述工作技能實現讓別人使用這些技能的目的。

目標

你應該在不同的時間點根據你想獲得的結果訂定目標。不管你所在的團隊或組織規模有多大，你都應該為自己訂定目標。你應該在不同的時間段訂定實實在在的目標，小到易於實現的短期目標，大到改變整個組織的宏偉藍圖。

請思考下面的例子。

五年之內，公司將根據以下具體方法運作：

↓按照「準備—行動—總結」的流程工作。

↓讓每個人參與到目標的訂定中。

↓每個人都能定期獲得同事的反饋（如每週一次）。

兩年之內，我所在的部門將實現上述目標。

三個月內，我和我的組員將採納上述做法。

你還可以對其中最小的目標作進一步的分解：

三個月內，我的組員將採納許多新的做法。

一個月內，我們將一致同意在每個星期五吃午飯時抽出十五分鐘的時間反饋給對方。在這段時間裡，我們不必顧忌對方的自我感受，只需要對應該堅持的地方和需要改進的地方提出建議。

今天，我的搭檔將會向我提出建議，指出他認為我應該改進的地方，我會鼓勵他下次繼續向我提出這樣的建議。

上面提出了一個具體的例子，供大家參考，你自己的目標可能和上述目標有很大差異。尋找一個鼓舞人心的長遠目標不會很難，讓自己獲得改變大家合作方式的能力，本身就是令人振奮的目標。當你成功了，你會發現自己處在一個更加奮發向上的工作氛圍中。

你應該努力讓自己的中期目標具有獨立的價值（讓辦公室裡的每個人閱讀本書可能有用，但這很可能不是一個良好的中期目標——對於許多人來說，讀書不會對他們的行為產生任何影響。），你的目標應該聚焦於結果，如工作方式的改變。最後，你的短期目標應該具有可行性，應該和你今天下午或明天上午的工作或者你所參加的下次會議有關。

思考

沒有一種策略適合所有局面，正如沒有一種藥物適合所有疾病。在你帶領其他人採用更好的方法一起訂定目標或思考之前，你自己應該先系統性的思考，想一想目前的局面、出現問題的原因、解決這些問題的總體策略以及下一步應該採取的橫向領導方法。

你應該有條理地思考，從資料、分析、方向、再到下一步行動。你應該從圓餅圖下方的第一象限開始，仔細觀察你和同事在工作上的表現，看一看你們在哪些方面做得不錯，思考一下其中的原因；亦或者你們遇到哪些問題，研究產生問題的原因，而為了解決這些問題，向著目標邁進需要選擇什麼方向。接著，你需要確定為了實現眼前的目標，下一步應該採取哪些行動。

你可能會遇到困難：你的同事對於目前的問題有著不同的理解，有的人甚至會將你看成一個需要解決的問題。想真正學會「思考」，你就要養成習慣，隨時回到原點，重新系統性思考你所面對的問題，而不是毫無計畫地去應對失控的局面。

學習

你應該學會隨時檢討過往經驗。當你試圖橫向領導時，你可能會發現這種領導方式並不像你想像的那樣有效。在徹底放棄之前，你應該再試試其他方法。

也許本書介紹的想法並不像我們想像的那麼好，不過，你不能僅僅因為一次失敗的經歷就輕言放棄，因為你顯然還沒有熟練掌握這些方法。如果我們介紹的方法與你平時做法很不相同，那麼你很難一下子運用自如，要有耐心，應該先把這些方法運用熟練，然後再來判斷是否管用。

例如，你希望你的老闆改變目前的做法，為了讓他重新審視自己的工作方法，你決定採用提問的策略：「你覺得我們是否可以每天總結電話銷售的結果？目前我們的做法是每隔幾個月檢討一次，所以到了那時候，我們早已忘記當初在電話裡是怎麼說的了。」聽了你的話，你的老闆面帶怒意，皺了皺眉，命令你回到座位上繼續工作。

在你決定放棄橫向領導之前，你應該考慮可能的失敗原因：

↓想讓老闆作出改變是一件愚蠢的事。
↓其他方法也許可以讓人們作出改變，但是這本書沒有介紹。
↓你所面對的這位同事從不接受別人的建議。

此外，還有可能有其他原因：

↓在這種情況下，用這種方式提出這個問題不是最好的做法。
↓我的提問能力可能有待加強。
↓其他橫向領導方法可能更有效。

如果你在嘗試時發現方法不管用，你應該仔細觀察實際的情況，然後思考：「為什麼會這樣？可能有哪些原因？」在確認局面不可收拾並徹底放棄之前，一定要先看看你還能採取哪些行動。有時（在解釋並獲得對方許可的條件下）你可以將自己使用橫向領導方法與別人溝通時的談話內容錄下來，或者事後將你所能回想起來的談話內容全部寫下來。將談話內容轉化成書面記錄不是一件容易的事，不過凡事熟能生巧，如果能做到這一點，就能獲得很大收穫。即使是一份粗略的談話記錄，也能讓你把注意力從責怪別人轉移到如何調整自己的語言。國際象棋選手都知道，要想提高自身程度，最佳的捷徑就是記錄比賽過程並仔細研究，尋找更好的下法。同樣的做法也可以讓你獲益匪淺。

如果你能做到認真實踐和定期檢討，那麼一年後，你的橫向領導能力一定會大大提升。（到那時你很可能會學到比本書所建議的更好方法。）

投入

你應該不斷修改自己所扮演的角色，直到充分投入工作中。在本書，我們提供了你一個角色，我們描述這個角色在辦公室、工廠或其他組織中的工作內容和地位，我們認為這個角色很有吸引力，也許僅僅反映了我們自己的喜好。我們一生都在為自己和他人創造新的思想並完善這些思想，教導他人如何更加有效地工作。在這方面，我們做得很成功。我們希望將我們的想法傳授給你，這樣你就可以體會到這份工作帶來的滿足感，並且沿著我們開闢的道路繼續前進。也許你並不喜歡扮演這個角色，此時，你可以分析其中的原因。

你為什麼不喜歡這個角色呢？這個角色無法滿足你的哪些訴求？你覺得橫向領導者的角色太孤單了嗎？獨自承擔起改變團隊行為的任務讓你感到害怕嗎？如果我們創造的這個角色無法吸引你，你可以按照你的意願來改變，也許你可以找一個同事，和他共同完成這項任務，變成一種團體行動，這樣你可能會更有動力。或者，你可以想一想，當你每天早上醒來，什麼樣的工作能讓你滿懷期待？

此外，如果你發現了自己對於工作的要求，你就可以更好地滿足別人對於工作的要求。如果你發現除了本書介紹的之外，人們對於工作還有其他要求（這裡指的是情感上的回報，而不是物質上的回報），那麼當你想讓人們更好地合作，你就擁有了更多籌碼。

反饋

你應該定期向別人表達感激、尋求建議、提供指導。當你想要幫助大家更順暢地合作時，可能會遇到許許多多困難，即使表現得非常完美，最後也不一定能取得成功。

當你審視自己的表現，不要僅僅依靠你一個人的力量。在你改變團隊合作方式的過程中，也是向他人學習的機會。可以問問他們，怎麼看你為團隊所做的事情——包括訂定目標的方式、提供反饋的方式等，以及為什麼這樣想，問他們你是否做過冒犯他們的事情。向人們尋求反饋意見時，你既能做為表率，又能獲得如何增進橫向領導能力的建議。

09 假如你是領導者，你還能做什麼

本書主要探討了當你不是領導者時如何工作的問題，介紹沒有領導權力的人如何改善人們共同工作的方式，以獲得理想的結果。不過，如果你是領導者，這本書還能派上用場嗎？

對於這個問題，筆者的回答是肯定的。我們希望任何階層的領導者讀了本書介紹的有關個人技能的建議後，都能增進自己的工作效率。我們希望這本書能讓他們了解一個團隊中所有成員齊心協力、一起工作的理想狀態。我們希望這本書能幫助處於領導者地位的人帶領整個團隊實現這種理想狀態。

簡而言之，不管一個人是否擁有領導權，他都可以採納本書提出的建議。此外，一個人所擁有的權力和地位還可以幫助他更方便、更有效地將這些建議付諸實踐。

問題是什麼？

不管你的事業多麼成功，身為領導者，你都會面對這樣的問題：「我們能否做得更好？怎樣才能做得更好？」你的下屬之所以沒有把工作做到位，部分原因在於他們相互協調的能力並不像你想像的那麼好。你需要花費自己寶貴的時間解決他們與同事之間的矛盾，你需要管理他們，因為你不相信他們能把自己管理好，你似乎無法改變他們這種工作狀態。你可以通過投資建設更好的廠房和設備來提高產量，但是你很難讓人們增進工作效率。也許你做得還不夠好。這到底是怎麼回事呢？

可能的原因

有三個可能的解釋說明你並沒有在幫助團隊改善合作效果：

↓你的主要目標是把工作做好，所以注意力集中在具體的工作上。

↓在決策的訂定上，你的權力比別人大，所以你的注意力集中在需要訂定的決策上。

↓你擁有向別人發出命令的權力，所以你常常向別人發出命令。

這三個因素都在建議你應該更加注意你和他人一起工作的方式，你訂定決策的方式，以及你讓別人做事的方式。

建議 更加專注於人們的合作方式

為了獲得更好的結果，應該更關心大家工作的方式

你應該用更多的時間觀察大家對本書第三節到第七節討論的各個工作元素的處理方式，而不是僅僅觀察工作結果的數量和品質。

大家是否對他們的工作目標——即在不同時間段應取得的結果——擁有清晰的認識？他們是否參與到了這些目標（尤其是他們目前正在努力實現的短期目標）的訂定？

大家的思考是否有條理？是不是先聚焦於事實，再分析成功或失敗的

原因，進而研究前進的策略，最後落實到明天將要採取的具體行動上？大家是否一起思考，並且分享思考結果？

你和你的同事是否將計畫與行動結合起來，在實踐中實習？你們投入行動的速度是否夠快？你們是否有經常停下來檢討你們目前努力的成果？足夠讓你們從中學習並運用當下與未來？

你同事目前的工作是否具有挑戰性，足以讓他們完全投入到工作中？是否知道思考如何改善你們一起工作的內容和方式也是工作的一部分？

你的同事是否理解人們對來自上司、下屬、同事的感謝、指導和建議的渴求，以及用這些反饋相互支持所帶來的滿足感？你的團隊是否擁有隨時尋求和提供反饋的良好氛圍？

上面這種對於工作環境的分析可以幫助領導者評估目前的狀況，找出從哪部分改善是最有用的方向。

為了訂定出更好的決策，應該讓大家參與決策的訂定過程

擁有權力的人無疑也要承擔責任，需要訂定許多決策，在互相衝突的

不同需求之間分配資源。一次又一次，你把這責任扛下來，你既不能把決定授權給下屬去做，也不能推給高層——如董事會。

不過，你可以常常邀請與決策有關的人參與決策的訂定過程，以增加決策的品質和認可度，這樣既不用把它授權給下屬，也不需要迴避責任。

簡單來說，你應該「先詢問後決定」——作決定之前先問問別人的意見。不管你的決策的品質是否會提升，至少你的決策更容易執行，因為人們知道你直接或間接地考慮到了他們的意見。當然，你不可能在訂定每項決策時徵求所有人的意見。不過，對於許多決策來說，如果時間允許而且不影響保密性，你可以提前詢問他人，徵詢大家意見，並且傳閱手稿，進行討論和點評。身為領導者，你可以事先說明，你既不是在向下屬授權，也不是在舉行投票表決，你只是在向大家徵詢資料、觀點和建議。

採用提問、作答、行動的領導方式改善大家的合作

你可以通過以身作則而非命令的形式更有效地影響你的下屬，這並不會減少你的領導權威，你應該按照自己心目中的理想做出表率。此時，你

的權威一定會發揮作用，你對下屬下達命令時產生的影響遠遠勝過同事間下達命令時產生的影響。由於你的地位比別人高，因此對你來說，下達命令是一種非常有效的做法。這樣一來，你很可能會對這種做法產生依賴，不再考慮其他可能的做法。你會很容易忽略一個事實，那就是其他方法對你來說可能更加有效。

例如，你可以提出問題、觀點和建議，供別人思考，或者通過行動為別人做出表率。此時，你的領導者地位會讓你的行為產生很大的影響力。與下達命令相比，這些橫向領導方法通常會讓你取得更好的結果。

對於團隊中的一般成員來說，本書提供了許多具有建設性的建議。下面列舉了兩份清單。第一份清單是沒有權力的橫向領導者可以做的事情，第二份清單是擁有最高領導權的公司階層可以做的事情。這兩份清單可以說明為什麼筆者認為本書同樣適用於領導者。事實上，與一般員工相比，本書可能更加適用於領導者。

為了改善你與同事共同工作的方式，你可以採取的一些做法，

當你不是領導者時，你可以：

- 提高個人工作技能：

↓根據結果訂定目標。

↓按照「問題—分析—戰略—策略」的順序有條理地思考。

↓盡快投入行動、定期檢討，以便更快地從經驗中學習。

↓充分投入到有挑戰性的任務中。

↓協助團隊營造一個上下階層和同事之間相互支持、相互反饋的氛圍。

- 促使大家共同使用這些技能，你可以：

↓提出具有啟發性的問題。

↓提供資料、想法和建議。

↓按照你的理想做出表率。

你的同事可能掌握更多的資訊，擁有更好的想法。你要虛心接受不同的意見。

當你是公司總裁時，你可以：

- 提高個人工作技能：

↓根據結果訂定目標。

↓按照「問題—分析—戰略—策略」的順序有條理地思考。

↓盡快投入行動、定期檢討，以便更快地從經驗中學習。

↓全心投入到有挑戰性的任務中。

↓協助團隊營造一個上下階層和同事之間相互支持、相互反饋的氛圍。

- 促使大家共同使用這些技能，你可以：

↓提出具有啟發性的問題。

↓提供資料、想法和建議。

↓按照你的理想做出表率。

你的同事可能掌握更多的資訊，擁有更好的想法，你要虛心接受不同的意見。

此外：你可以訂定別人無法想到的決策。

你可以對別人下達命令。

10 敢於站出來的人就是領導者

先講一個故事。一個無神論者對著名的希列拉比（Rabbi Hillel）說：「請你保持單腳站立的姿勢，將《妥拉》（*Torah*，編按：猶太教的經典）背誦下來。如果你能做到這一點，我就承認你所信仰的上帝。」拉比回答道：「《妥拉》說：『如果你不想讓別人對你做某件事情，那麼你也不要對別人做這件事情。』其他內容都只是對這句話的註解而已。」

本書提出的建議當然無法與聖人的智慧相比，我們之所以要講這個故事，是因為這個無神論者的問題提得很好，它讓拉比把教義濃縮成了一句格言，這句格言具有以下特點：

↓簡單易記。

↓可以用於解釋其他更加複雜的思想。

我們在本書中提出的建議遠遠沒有拉比的教導那樣深刻，不過我們還是要將其提煉成一句格言，奉獻給讀者。這句格言在「單腳站立」的時間裡就能說完，那就是：

提供幫助。

即使你記不住前面提到的具體建議和詳細分析，你至少也應該記住這句話。如果你把「提供幫助」當成座右銘，那麼永遠也不會錯得太離譜。

提供幫助

當所有人都袖手旁觀、工作沒有任何進展、愚蠢的計畫無人質疑，你可以勇敢地站出來。一九六六年，一個名叫凱蒂・吉諾維斯（Kitty Genovese）的女人在紐約一幢公寓的院子裡遭到攻擊，發出尖叫聲，吵醒了許多人，他們打開燈，從窗戶朝外張望。每個人都覺得會有人去打給警察，但卻沒有一個人報警。不久之後，兇手回到這裡，發現她還在，於是將其殺害。

我們很容易袖手旁觀，這是很自然的。這樣做的後果很少會像上面的例子那樣可怕，但類似的局面每天都會在很多組織中出現，我們參加的會議常常無法取得任何進展。當我們發現某項工作沒有人去做時，我們可能會假裝沒有看見，繼續去做主管交待給我們的任務。我們認為別人會有所行動，對方則認為我們會有所行動，結果誰都沒有行動。

遇到這種情況時，你可以主動站出來提供幫助。當你看到某件事情需要有人去做，你可以主動幫忙，而不是等待其他人的行動。如果你主動採取行動，你就有可能挽救一次會議，挽救你的部門，甚至挽救你的公司。

想做出改變並不意味著你要像領導者一樣行動。當你不想袖手旁觀，除了主持工作、發號施令，你還有其他選擇。你應該邀請別人和你一起採取行動。你不僅要培養和使用自己的能力，還要幫助人們培養和使用他們的能力。為此，你不需要發出命令，只需要提出優秀的問題、提供想法，並且做需要有人去做的事情。

我為什麼要做這件事？

你可能已經注意到，作者一直在使用勸告的口吻，討論我們對你的期望。你可能會問：「這件事跟我有什麼關係呢？」

本書認為，幾乎所有人都想獲得具有挑戰性的工作，一份值得自己和別人尊重的工作。作者相信，改善團隊的合作方式正是這樣的工作。

如果你厭倦了目前的工作，你會發現向別人提供幫助這項任務既新鮮又具有挑戰性。假如你現在是經紀人、工程師、護士、經理或者助理，那麼努力改善人們一起工作的方式很可能與你每天所做的事情完全不同。沒有任何門檻，你身為人的經驗就足以開始這項新任務。更何況，勞動契約上並沒有阻止你這麼做。

你是否擔心自己所做的事情毫無價值可言？如果你能讓團隊在相互溝通上養成更好的習慣，那麼你可能會成為團隊中最重要的人。

你不需要擔心，如果你接受了這個任務，那麼你永遠也不用為缺乏具有挑戰性的工作而發愁。

我們在生活中需要用到一些基本的假設，包括我們是誰、做什麼的、什麼是合適而哪些不是、什麼是良好的生活方式等。在工作中，你也需要用到一些假設。如果沒有這些假設，你無法有效工作。不過，你可以選擇要用什麼假設。下頁列舉了兩組不同的假設，你可以考慮你所想要的。

這就是我們最後想說的主題。請對比這兩組假設，哪一組假設看起來更有趣？哪一組假設能讓你獲得更有意義、更有成就感的人生？你覺得哪一組假設更好？作者建議你逐行比對這兩組假設，將你所贊同的假設選出來。最後，你會得到一組理想的假設。

然後，將這組假設運用到工作中——直到你找到更好的假設為止。

在工作中可以選擇的假設：你應該選擇哪一組？	
一些廣為使用的假設：	**另一些你可以選擇的假設：**
• 問題是別人的錯。	• 也許我可以改變局面。
• 我無法大幅度地改變別人的行為。	• 想改變別人的行為，最簡單的做法就是改變自己。
• 我的嘗試很可能不會有結果。	• 只有親自嘗試過，才能知道哪些方法有效。
• 如果方法之前不管用，現在就也不需再嘗試了。	• 在正確的方向上堅持不懈的努力，往往會獲得回報。
• 嘗試我不擅長的事情可能會很尷尬。	• 嘗試不擅長的事時都能學到新技能。
• 這些想法中有些沒有用。	• 我可以修改其中一些想法，使之成為有用的想法。
• 有些事已經糟糕得無以復加。	• 我們還有很大的進步空間。
• 世界基本上就是個可怕的地方：我們最後都會死。	• 做一名樂觀主義者更加有趣。
• 我不需要牽扯到這件事中。	• 我參與的事情越多，生活就越充實。
• 遇到問題時，我可以選擇視而不見。	• 我可以選擇提供幫助。

致謝

本書的問世花了七年時間。幾十年來，我們一直在使用書中的思想。在這期間，我們吸收了許多人的意見。我們之所以沒有使用大量註腳，不是想把這些思想據為己有，而是因為我們採納了別人的許多想法，這些想法又來自許多不同的人，我們現在根本無法弄清每個想法最初是誰提出來的。因此，我們在這裡向所有人表示感謝。此外，有一些人我們要特別提出感謝。

我們初次相遇是在《哈佛這樣教談判力》出版的時候。介紹我們認識的是聯合國開發計畫署的赫布・貝爾斯托克（Herb Behrstock），他對我們的工作有一定的瞭解，認為我們兩個人合作可以迸出火花。我們首先要感謝的人就是赫布。沒有他，我們就不會見面，這本書也永遠不可能出現在你眼前。

羅傑的工作重點是研究「解決人們之間分歧的最佳途徑」，尤其是「我們向其中一方提供什麼建議，能幫助他們更有效地解決雙方的爭執？」答案是「有原則的談判」，一種在不妥協的情況下達成一致的實用方法。

艾倫的工作重點是研究「對於已經達成一致、想要改善合作方式的一群人來說，我們向他們提供什麼樣的建議，能讓他們獲得理想的結果，而且感覺到自己的能力得到充分發揮？」

當我們走到一起，我們開始研究一個與此相關的問題：「對於一個想讓團隊高效工作的人來說，不管這個人所處的位置如何，我們應該向他提出什麼樣的建議？」每天都有無數員工、老闆、同事、家庭、公司、國家面對這個問題。為了回答這個問題，我們把各自的經驗結合在一起，提出了「橫向領導」方法——任何人都可以使用這種方法從「側面」領導團隊做出更好的表現。在我們寫這本書的前後，我們在許多人身上試驗了這些思想，在此對他們的意見和建議表示感謝。

艾倫希望特別感謝已故的雷夫・科維德爾（Ralph Coverdale），最初是他給了艾倫在這個領域工作的機會。已故的伯納德・巴賓頓・史密斯（Bernard Babington Smith）曾做過艾倫多年的導師。他們倆是科維德爾培訓專案（Coverdale Training）的創立者，本書有許多非常重要的觀點最初都是這個專案提出來的。我們還要向艾倫的丹麥籍同事弗萊明・馬德森（Flemming Madsen）表示感謝，他與艾倫共事多年，對其中的一些思想作出了很大貢獻。

克里斯・索恩（Chris Thorne）花了超過一個夏天的時間梳理我們最初的思想，為本書撰寫了初稿。儘管經過多年的修改，其中大部分內容已經發生了改變，不過克里斯的影響仍然貫穿全書。

感謝我們的兒子凱文・夏普（Kevin Sharp）、尼爾・夏普（Neil Sharp）、彼得・費雪（Peter Fisher）、艾略特・費雪（Elliot Fisher）幫助我們研究書中的許多思想。時至今日，我們仍然會互相交換意見。

我們還要感謝哈佛大學甘迺迪政府學院（John F. Kennedy School of Government）領導力教育專案主任羅納德・海菲茲（Ronald Heifetz）所做的工作，他作為心理學家和研究領導學的權威，幫助我們開拓了許多新的領域。海菲茲的《調適性領導》（*Leadership Without Easy Answers*）明確指出了權威與領導力的區別。

道格・斯通（Doug Stone）與我們共事多年。這個構想剛開始時，他和我們花了大量時間通過腦力激盪開拓思路。最後，他又在這本書付梓之前幫我們閱讀了書稿。自始至終，他一直在鼓勵我們。

康夫里克特管理有限公司（Cpnflict Management, Inc.）的傑夫・韋斯

（Jeff Weiss）閱讀我們的書稿並且給了許多很好的建議。他將本書的思想運用到了哈佛法學院的一個夏季課程中，也幫助我們修改這些思想，變得更容易被人接受。和韋斯共事是一件愉快的事情。

韋恩・戴維斯（Wayne Davis）閱讀了本書的部分手稿，告訴我們哪些內容不應該刪掉，他的建議提得很好。他的熱情和鼓勵對我們來說彌足珍貴。威廉・傑克森（William Jackson）在成為律師之前曾多年擔任羅傑的全職助理，他在從事其他工作之餘，也運用自己的精力、能力和洞察力為這個計畫作了許多貢獻。

希拉・赫恩（Sheila Heen）為本書潤色不少，讓本書行文更為流暢，而且降低了本書的性別歧視傾向。她還幫助我們對一些過時的表達方式進行了修改。

哈佛談判專案部行政助理蘿莉・高登索（Lori Goldenthal）花了大量時間排版和處理文字。尤為難能可貴的是，蘿莉本人就是一個最佳例證，證明了沒有領導權威的人也能就團隊應如何工作向老闆提出建議，並為此獲得老闆的激賞。蘿莉現在已經離開紐約了，我們都很想念她。

我們的大部分工作都是在瑪莎葡萄園島上完成的，在一個個漫長的夏季，招待我們的都是女主人卡洛琳・費雪（Caroline Fisher）。多年來，她和瑪麗・夏普（Marie Sharp）一直忍受她們的丈夫將思想記錄成文字的行為。她們的支持非常重要，在此也表示深深的感謝。

哈珀出版社（HarperBusiness）的克絲汀・桑德伯格（Kirsten Sandberg）、戴夫・康蒂（Dave Conti）、珍妮特・德里（Janet Dery）都對本書的可讀性提出了寶貴建議。如果本書的思想讓更多人接受，這其中也有他們的功勞。

我們很難找到一個詞語描述約翰・理查森（John Richardson）為本書所做的工作。我們說這本書是與他合寫的，這麼說可能會讓人們認為他是一個影子寫手，這本書僅僅使用了我們的名字和思想而已。相比之下，用「編輯」來形容約翰更加恰當，因為他以刪減和修改整合我們的寫作內容，約翰提供了某些章節的雛形，並修改我們撰寫的一些章節，增加故事和例子，構建了理論框架。「第二作者」也許是對他最恰當的描述。謝謝你，約翰。

羅傑

艾倫

國家圖書館出版品預行編目（CIP）資料

橫向領導 : 不是主管 , 如何帶人成事 ?/ 羅傑 . 費雪 (Roger Fisher) 著 ; 艾倫 . 夏普 (Alan Sharp) 撰文 ; 劉清山譯 .-- 二版 .-- 臺北市 : 日出出版 : 大雁文化發行 ,2023.08
面 ;14.8x20.9 公分
譯自 :Getting it done : how to lead when you're not in charge
ISBN 978-626-7261-73-6(平裝)

1.CST: 企業領導 2.CST: 組織管理

494.2　　112011213

橫向領導：不是主管，如何帶人成事？(二版)

GETTING IT DONE: How to Lead When You're Not in Charge
by Roger Fisher, Alan Sharp with John Richardson

作　　者　羅傑・費雪（Roger Fisher）著、艾倫・夏普（Alan Sharp）撰文
譯　　者　劉清山
責任編輯　李明瑾
協力編輯　邱怡慈
封面設計　張　巖
發 行 人　蘇拾平
總 編 輯　蘇拾平
業　　務　王綬晨、邱紹溢
行　　銷　廖倚萱
出　　版　日出出版
　　　　　地址：台北市復興北路 333 號 11 樓之 4
　　　　　電話（02）27182001　傳真：（02）27181258
發　　行　大雁文化事業股份有限公司
　　　　　地址：台北市復興北路 333 號 11 樓之 4
　　　　　電話（02）27182001　傳真：（02）27181258
　　　　　讀者服務信箱 E-mail: andbooks@andbooks.com.tw
　　　　　劃撥帳號：19983379　戶名：大雁文化事業股份有限公司

二版一刷　2023 年 8 月
定　　價　430 元

I S B N　978-626-7261-73-6

GETTING IT DONE

How to Lead
When You're Not in Charge